# 机械设备装配工艺与维修技术研究

刘保水 ◎著

吉林科学技术出版社

**图书在版编目（CIP）数据**

机械设备装配工艺与维修技术研究 / 刘保水著. --
长春：吉林科学技术出版社，2022.9
　　ISBN 978-7-5578-9657-7

　　Ⅰ．①机… Ⅱ．①刘… Ⅲ．①机械设备－设备安装－
研究②机械设备－设备检修－研究 Ⅳ．①TH182

中国版本图书馆 CIP 数据核字(2022)第 181125 号

# 机械设备装配工艺与维修技术研究
JIXIE SHEBEI ZHUANGPEI GONGYI YU WEIXIU JISHU YANJIU

| | | |
|---|---|---|
| 作　　者 | 刘保水 | |
| 出 版 人 | 宛　霞 | |
| 责任编辑 | 王凌宇 | |
| 幅面尺寸 | 185mm×260mm | |
| 开　　本 | 16 | |
| 字　　数 | 299 千字 | |
| 印　　张 | 13 | |
| 版　　次 | 2023 年 5 月第 1 版 | |
| 印　　次 | 2023 年 5 月第 1 次印刷 | |

出　　版　吉林科学技术出版社
发　　行　吉林科学技术出版社
地　　址　长春市净月区福祉大路 5788 号
邮　　编　130118
发行部电话/传真　0431-81629529　81629530　81629531
　　　　　　　　　81629532　81629533　81629534

储运部电话　0431-86059116

编辑部电话　0431-81629518
印　　刷　北京四海锦诚印刷技术有限公司

书　　号　ISBN 978-7-5578-9657-7
定　　价　80.00 元

# 前言

随着社会需求的变化和科学技术的发展，机械制造业的生产模式发生着巨大的变化，具体体现在从单机生产模式向制造系统生产模式的发展。为了与生产模式的变革相适应，机械设备装配工艺发生了很大变化，机械制造装备的设计方法和技术也在发生着深刻变革。

伴随着新材料、新技术、新工艺和信息技术的发展，机械设备的体积、重量和技术含量都已经发生了很大的变化。机械设备的稳定性是关乎工作效率的重点内容，而这一内容与机械设备装配的工艺有着很大的关联性，机械装配工作较为特殊，需要以相关标准以及设计图纸为基础，提高零件组装的合理性，机械装配工艺的影响因素很多，例如，常见的机械维修时间以及基础性能等，明确技术的关键性，并采取一定措施，才能确保机械的质量。机械设备的发展与机械设备的装配工艺有直接的关系。机械设备装配工艺的好坏直接影响着机械产品的性能，机械设备装配的主要工艺就是将已经生产出来的机械零部件按照一定的工艺要求进行组装，使其成为相应的机械设备。社会生产水平的发展对相应的机械设备性能要求逐渐提高，这就需要机械生产厂家在机械的生产过程中不断地改进自身的生产装配工艺。机械设备的应用在当前的经济发展过程中起到了非常重要的作用，但机械设备在使用过程中不可避免地出现磨损、疲劳、变形、断裂、腐蚀、老化等问题，导致设备功能下降。为了保证设备的工作效率，用户要做好机械设备的维护和保养工作。

本书首先对机械设备进行了概述，让读者对机械制造装备的作用、功能及分类有初步的认知；在此基础上对机械制造装备设计的类型方法、工艺设备、工艺过程与规程制订、数控机床故障诊断与维修及设备润滑及维护与保养做了详细的分析。本书语言简洁、知识点全面、结构清晰，对于研究机械设备装配工艺与维修技术具有重要的参考价值。

# 目录

# 第一章 机械设备概述

机械设备种类繁多，机械设备运行时，其一些部件甚至其本身可进行不同形式的机械运动。机械设备由驱动装置、变速装置、传动装置、工作装置、制动装置、防护装置、润滑系统、冷却系统等部分组成。

## 第一节 机械制造装备及其在经济中的作用

制造业是一个国家或地区经济发展的重要支柱，其发展水平标志着该国家或地区的经济实力、科技水平、生活水准和国防实力。国际市场的竞争归根到底是各国制造生产能力的竞争。当前世界已进入知识经济时代，知识经济与以往经济形态的不同主要在于知识，特别是对知识的创新与利用的直接依赖。在知识经济时代，知识对经济增长的直接贡献率超过了其他生产要素（如人力、物力和财力等）贡献的总和，成为最主要的生产要素。因此，目前，提高制造生产能力的决定因素不再是劳动力和资本的密集积累，而是各项高新技术的迅速发展及其在制造领域中的广泛渗透、应用和衍生，它促进了制造技术的蓬勃发展，改变了现代企业的产品结构、生产方式、生产工艺和装备以及生产组织结构。

机械制造业是制造业的核心，是制造如农业机械、动力机械、运输机械、矿山机械等机械产品的工业部门，也是为国民经济各部门提供如冶金机械、化工设备和工作母机等装备的部门。机械制造业的生产能力和发展水平标志着一个国家或地区国民经济现代化的程度，而其生产能力主要取决于机械制造装备的先进程度。

随着科学技术和社会生产水平的不断提高，机械制造生产模式也发生了巨大的变革。进入 20 世纪 50 年代的和平发展时期后，为了降低成本、提高效率，大多数企业采用"少品种、大批量"的做法，强调的是"规模效益"。其代表是由 H. 福特开创的"大量生产制造模式"，广泛采用"刚性生产制造模式"。由于这种生产制造模式在当时非常有效，为社会提供了许多价廉物美的产品，因此被人们普遍接受，并被视为制造业的最佳模式或"传统模式（产业）"。

20世纪80年代，随着世界经济和人民生活水平的提高，市场环境发生了巨大变化，主要表现在两方面：一方面是消费者需求日趋主体化、个性化和多样化；另一方面是制造商之间的竞争逐渐全球化。当时的制造业仍沿用传统的做法，企图依靠制造技术的改进和管理方法的创新来适应如此变化迅速且无法预料的买方市场，以单项的先进制造技术，如计算机辅助设计（CAD）、计算机辅助制造（CAM）、计算机辅助工艺规划（CAPP）、制造资源规划（MRP-Ⅱ）、成组技术（GT）、并行工程（CE）、柔性制造系统（FMS）和全面质量管理（TQC）等作为工具与手段，来缩短生产周期（T）、提高产品质量（Q）、降低产品成本（C）和改善服务质量（S）。单项先进制造技术和TQC的采用确实给企业带来了不少效益，但在对市场响应的灵活性方面并没有取得实质性的改观，而且巨额的投资往往不能得到相应的回报，这是因为上述改进还是停留在具体的制造技术和管理方法上，而对不适应当前时代要求的传统大批量封闭式生产制造模式并没有进行改造。

20世纪90年代，随着信息科学和技术的发展，全球化经济发展模式打破了传统的地域经济发展模式，世界变得越来越小，而市场变得更加宽广，全球经济一体化的进程加快，在这种时代要求下，快速响应市场成为制造业发展的一个主要方向。为了快速响应市场，出现了许多新的生产制造模式，例如敏捷制造（Agile Manufacturing）、精益－敏捷－柔性（LAF）生产系统、快速可重组制造、全球制造等。其中LAF生产系统全面吸收了精益生产、敏捷制造和柔性制造的精髓，包括了全面质量管理（TQC）、准时生产（JIT）、快速可重组制造和并行工程等现代生产和管理技术，是21世纪很有发展前景的先进制造模式。

进入21世纪以来，全球化的规模生产已经成为跨国公司发展的主流。在不断联合重组，扩张竞争实力的同时，各大企业纷纷加强对其主干业务的投资与研发，不断提高系统成套能力和个性化、多样化的市场适应能力。发达国家重视装备制造业的发展，它不仅在本国工业中占重要比重，而且在积累、就业方面的贡献均处于前列，更为装备制造业的新技术、新产品的开发和生产提供了重要的物质基础。信息装备技术、机器人技术、电力电子技术、新材料技术和新型生物技术等当代高新技术成果开始广泛应用于机械工业，其高新技术含量已成为在市场竞争中取胜的关键。实现产品的信息化和数字化，不仅提高了其性能，使之升级，还可使之具有"智慧"，代替部分人的脑力和体力劳动，从而满足国民经济和人民生活日益增长的个性化、多样化需求。

迅速发展的信息化和国际化环境以及日益激烈的市场竞争彻底改变了制造业的传统观念和生产组织方式，加速了现代管理理论的发展和创新。因此，在信息化的推动下，全球正在兴起"管理革新"的浪潮。面对日趋严峻的资源和环境约束，世界各国都在制定或酝酿可持续发展的战略和规划，发展绿色制造技术。装备制造业是资源、能源消耗的大户，因此，装备制造业必将成为可持续发展政策和规划的关注焦点。装备制造业必须发展绿色制造技术，走可持续发展的道路。

随着社会需求的变化和科学技术的发展，机械制造业的生产模式也发生着巨大的变革。为了与生产模式的变革相适应，机械制造装备的组成也发生了很大变化，单机生产模式的机械制造装备主要是加工装备（机床及工装），属于单机型机械制造装备；而先进的机械制造系统生产模式的机械制造装备则包括了加工装备、物流装备及测控装备，属于系统型机械制造装备。单机型机械制造装备的核心为金属切削机床。一个国家的机床工业水平在很大程度上代表着这个国家的工业生产能力和技术水平。改革开放后，我国机械制造装备业得到迅速发展，目前我国已能生产出多种精密、自动化、高效率的机床和自动生产线，有些机床的技术水平已经接近于世界先进水平。

## 一、机械制造业的地位与发展状况

制造业是国民经济发展的支柱产业，也是科学技术发展的载体及将其转化为规模生产力的工具和桥梁。装备制造业是一个国家综合制造能力的集中体现，重大装备的研制能力是衡量一个国家工业化水平和综合国力的重要标准。

国民经济中任何行业的发展，必须依靠机械制造业的支持并提供装备，在国民经济生产力构成中，制造业的作用占 60% 以上。当今社会，制造科学、信息科学、材料科学、生物科学等四大支柱科学相互依存，但后三种科学必须依靠制造科学才能形成产业和创造社会物质财富。而制造科学的发展也必须依靠信息、材料、生物科学的发展，机械制造业是其他任何高新技术实现其工业价值的最佳集合点，它为各行各业提供各种设备，各行各业的技术改造都离不开设备更新，因此机械制造业的发达程度是代表一个国家综合国力强弱的重要标志，而机械制造业的发展和进步在很大程度上取决于机械制造技术的发展和进步，因为再好的发明创造，如果解决不了制造问题，就不可能变为现实，不可能转化为产品。总之，大力发展机械制造业已成为世界各发达国家加速经济发展、提高综合国力和国家地位的重要途径，也是提高我国综合国力、加速国家经济发展的必要条件。

面对越来越激烈的国际市场竞争，我国机械制造业面临着严峻的挑战。我们在技术上已经落后，加上资金不足、资源短缺以及管理体制和周围环境还存在着许多问题，需要不断改进和完善，这些都给我们迅速赶超世界先进水平带来了极大的困难。改革的不断深入和对外开放的不断扩大，为我国机械制造业的振兴和发展提供了前所未有的良好条件。目前，制造业的世界格局正在发生着巨大的变化，欧、亚、美三分天下的局面已经形成，世界经济重心开始出现向亚洲转移的征兆，制造业的产品结构、生产模式也在迅速变革之中。

所有这些又给我们带来了难得的机遇。挑战与机遇并存，我们应该正视现实，面对挑战，抓住机遇，深化改革，以振兴和发展中国的机械制造业为己任，励精图治，奋发图强，使我国的机械制造业在不久的将来赶上世界先进水平。

以机床制造业为例，我国已形成各具特色的六大发展区域：东北地区是我国数控车床、加工中心、重型机床和锻压设备、量刃具的主要开发生产区，主要包括沈阳机床企业、大连机床企业、齐齐哈尔重型数控企业、哈尔滨量具刃具企业，其中哈尔滨量具刃具企业的金属切削机床产值约占全国金属切削机床产值的三分之一，对全国金属切削机床行业发展影响巨大；华东地区的数控磨床产量占全国数控磨床产量的四分之三，其中，长江三角洲地区成为磨床（数控磨床）、电加工机床、板材加工设备、工具和机床功能部件（滚珠丝杠和直线导轨副）的主要生产基地；西部地区重点发展齿轮加工机床产业，其中西南地区重点发展齿轮加工机床、小型机床、专用生产线以及工具，西北地区主要发展齿轮磨床、数控车床和加工中心、工具和功能部件；中部地区主要发展重型机床和数控系统，重型机床产值占全国产值的六分之一，其中，武汉重型机床集团有限公司生产的重型机床数量占全国重型机床数量的十分之一，生产数控系统的企业代表是武汉华中数控股份有限公司；环渤海地区包括北京、天津等城市，主要发展加工中心和液压压力机，北京主要发展加工中心、数控精密专用磨床、重型数控龙门铣床和数控系统，天津主要发展锥齿轮加工机床和各种液压压力机；珠江三角洲地区是数控系统的生产基地，生产数控车床和数控系统、功能部件等。这些生产区域的产品以及生产区域所起到的重要作用，表明我国自主创新能力的提高以及高新技术产业发生的巨大变化，并在相关领域取得了突飞猛进的发展。

## 二、机械制造业的发展趋势

20 世纪 60 年代以后，电子技术、信息技术和计算机技术高速发展，这些技术在制造技术和自动化方面取得了广泛应用。数控技术的发展和应用使得以机床、工业机器人为代表的机械制造装备的结构发生了一系列的变化，机械结构在装备中的比重下降，而电子技术的硬、软件的比重上升。20 世纪 70 年代末以来，柔性制造系统（FMS）和计算机集成制造系统（CISM）得到开发和应用，通过计算机集成制造系统，把一个企业所有有关加工制造的生产部门都相互联系在一起，制造过程可以从全局考虑进行优化，从而降低成本和缩短加工周期，同时还可以提高产品的质量和柔性，提高生产效率。

### （一）机械制造业发展的总趋势

21 世纪机械制造业发展的总趋势为高质量、高生产率，这一直是机械制造业发展的主要目标。因此，21 世纪初机械制造业发展的总趋势可以概括为"四化"。

1. 柔性化

柔性化是指使工艺装备与工艺路线能适应生产各种产品的需要，能适应迅速更换工艺、更换产品的需要。

2. 灵捷化

灵捷化是指使生产力推向市场的准备时间缩至最短，使机械制造厂的机制可以灵活转向。在激烈的市场竞争中，供货期与产品质量往往起着比价格更为重要的作用，灵捷化已成为机械制造业面临的重大课题。

3. 智能化

智能化是柔性自动化的重要组成部分，它是柔性自动化的新发展和延伸。人类不仅要摆脱繁重的体力劳动，还要从烦琐的计算、分析等脑力劳动中解放出来，以便有更多的精力从事高层次的创造性劳动。因此，生产制造系统的智能化是必然发展趋势，智能化将进一步提高柔性化和自动化水平，使生产系统具有更完善的判断与适应能力。

4. 信息化

信息化是指机械制造业将不再是由物质和能量的力量生产出的价值，而是借助于信息的力量生产出的价值。因此，信息产业和智力产业将成为社会的主导产业。机械制造业也将成为由信息主导的，并采用先进生产模式、先进制造系统、先进制造技术和先进组织管理方式的一个全新的产业。

## （二）现代机械制造工艺装备的特点

进入 20 世纪 90 年代后，机械制造业面临市场需求动态多变、产品更新周期缩短、品种规格增多和批量减小等新特点，产品的质量、价格和交货期成为衡量企业竞争力的三个主要决定性因素。为适应现代机械制造业的发展趋势，机械制造工艺装备应具有以下特点。

①高精度、高效率、结构合理、调整方便的数控专用机床。

②高精度、高可靠性、结构简单、使用方便、通用可调的夹具。

③适用于高速切削、超高速切削、干式切削、硬切削的涂层刀具、超硬刀具等；适用于高速磨削、强力磨削、砂带磨削的新型磨具、磨料；高性能复杂模具；激光辅助车削、铣削工艺设备等。

④可用于生产现场、可与加工制造设备集成使用的高精度测量仪和结构简单、通用性强的高精度量具。

## (三) 机械制造装备的发展趋势

制造业生产模式的演变，对机械制造装备提出了不同的要求，使现代机械制造装备的发展呈现出如下趋势。

### 1. 向高效、高速、高精度方向发展

高速和高精度加工技术可使数控系统能够进行高速插补、高实时运算，在高速运行中保持较高的定位精度，极大地提高效率，提高产品的质量和档次，缩短生产周期和提高市场竞争能力。超高速加工的切削速度范围因不同的工件材料、不同的切削方式而异。目前，一般认为，超高速切削各种材料的切速范围为：铝合金已超过 1600 m／min，铸铁为 1500 m／min，超耐热镍合金达 300 m／min，钛合金达 150 ~ 1000 m／min，纤维增强塑料为 2000 ~ 9000 m／min。各种切削工艺的切速范围为：车削 700 ~ 7000 m／min，铣削 300 ~ 6000 m／min，钻削 200 ~ 1100 m／min，磨削 250 m／s 以上等。超高速加工到 2005 年基本实现工业应用，主轴最高转速达 15000 r／min，进给速度达 40 ~ 60 m／min，砂轮磨削速度达 100 ~ 150 m／s；超精密加工基本实现亚微米级加工；加强纳米级加工技术应用研究达到国际社会九十年代初期水平。

### 2. 多功能复合化、柔性自动化的产品成为发展的主流

从近几届国内外举办的国际机床展览上展出的装备情况来看，新颖的高技术含量的展品逐年增加，展出的机床类型逐年增多，有最新的复合加工机床、五轴加工机床、纳米加工机床、新型并联机床等，还有超声波铣削、激光铣削等不同加工组合的复合机床，五至九轴控制机床、五轴联动车铣复合中心、功能齐全完备的车削中心等，以及由单台数控加工设备和上、下料机构构成的柔性制造单元（FMC）、柔性制造系统（FMS）、柔性制造线（FML）等，类型不断变化，品种不断增加。

### 3. 实现绿色制造与可持续发展战略

实现绿色制造可从绿色制造过程设计、绿色生产与工艺、绿色切削加工技术、绿色供应链研究、机电产品噪声控制技术、绿色材料选择设计、绿色包装和使用、绿色回收和处理等方面入手，主要研究内容有废旧机械装备再制造和综合评价与再设计技术、废旧机械零部件绿色修复处理与再制造技术、废旧机械装备再制造信息化提升技术、机械装备再制造与提升的成套技术及标准规范，以及废旧机械装备产业化实施模式等。以绿色科技为导向，以高效节能减排为目标，实施绿色技术改造、绿色制造的研究及应用推广。

### 4. 智能制造技术和智能化装备的新发展

智能制造技术包括智能加工机床、工具和材料传送、监测和试验装备等，要求具有加

工任务和加工环境的广泛适应性，能够在环境和自身的不确定变化中自主实现最佳的行为策略。以机床为例，当前智能机床是在数控机床和加工中心的基础上实现的，它与普通自动化机床的主要区别在于除了具有数控加工功能外，还具有感知、推理、决策、控制、通信、学习等智能功能。智能机床的定义是：机床能对自己进行监控，可自行分析众多与机床、加工状态、环境有关的信息及其他因素，然后自行采取应对措施来保证最优化的加工，也就是说，机床具有发出信息和自行思考的能力。

5. 机械制造工程师的努力方向

21 世纪初的机械制造技术已与传统意义上的机械加工有了本质的区别，作为现代机械制造工程师，其拓展知识的主要努力方向应为：信息科学、材料科学、控制论、生物科学、管理科学、表面科学、微电子技术、激光技术和计算机技术等。只有熟练掌握高新技术，才能适应 21 世纪机械制造技术发展的需要，为我国机械制造业跨入世界先进行列奠定坚实的基础。

# 第二节 机械制造装备的功能

在机械制造装备应具备的主要功能中，除了一般功能要求以外，还应强调柔性化、精密化、自动化、机电一体化、节材节能、符合工业工程和绿色工程的要求。

## 一、一般功能要求

机械制造装备首先应满足以下几项一般功能要求。

### （一）加工精度方面的要求

加工精度是指加工后的零件相对于理想尺寸、形状和位置的符合程度，一般包括尺寸精度、表面形状、相互位置精度和表面粗糙度等。满足加工精度要求是机械制造装备最基本的要求。

影响机械制造装备加工精度的因素很多，其中与机械制造装备本身有关的因素包括几何精度、传动精度、运动精度、定位精度和低速运动平稳性等。

### （二）强度、刚度和抗振性方面的要求

提高机械制造装备的强度、刚度和抗振性，不能靠一味地加大制造装备零部件的尺寸

和质量，使之成为"傻、大、黑、粗"的产品，而是应该利用新技术、新工艺、新结构和新材料，对主要零部件和整体结构进行设计，在不增加或少增加质量的前提下，使装备的强度、刚度和抗振性满足规定的要求。

### （三）可靠性和加工稳定性方面的要求

产品的可靠性主要取决于产品在设计和制造阶段形成的产品固有的可靠程度，是指产品的使用过程中，在规定的条件下和时间内能完成的规定功能的能力，通常用"概率"来表示。

机械制造装备在使用的过程中，受到切削热、摩擦热、环境热等的影响，会产生热变形，影响加工性能的稳定性，对于自动化程度较高的机械制造装备，加工稳定性方面的要求尤其重要。提高加工稳定性的措施有减少发热量、散热和隔热、均热、热补偿、控制环境温度等。

### （四）使用寿命方面的要求

机械制造装备经过长期使用，由于零件磨损、间隙增大，其原始工作精度将逐渐丧失。对于加工精度要求很高的机械制造装备，使用寿命方面的要求尤其重要，提高使用寿命应从设计、工艺、材料、热处理和使用等方面综合考虑。从设计角度来看，提高使用寿命的主要措施包括减少磨损、均匀磨损和磨损补偿等。

### （五）技术经济方面的要求

不能为了盲目追求机械制造装备的技术先进程度而无计划地加大投入，应该在技术先进性和经济性之间进行仔细分析，从而确定哪个是主要因素。因此，做好技术经济分析能增加装备的市场竞争能力。

## 二、其他功能要求

### （一）柔性化

柔性化有两重含义，即产品结构柔性化和功能柔性化。

产品结构柔性化是指产品设计时采用模块化设计方法和机电一体化技术，只须对结构做少量的重组或改进，或只需要通过修改软件，就可以快速地推出市场需要的、具有不同功能的新产品。

功能柔性化是指只须进行少量的调整或通过修改软件，就可以方便地改变产品或系统的运行功能，以满足不同的加工需要。数控机床、柔性制造单元或系统均具有较高的功能柔性化程度。

要实现机械制造装备的柔性化，不一定非要采用柔性制造单元或系统。专用机床，包括组合机床及其组成的生产线，也可以被设计成具有一定柔性，能完成一些批量较大、工艺要求较高的工件加工，其柔性表现在机床可进行调整从而满足不同工件的加工要求。调整方法包括采用备用主轴、位置可调主轴、工夹量具成组化、工作程序软件化和部分动作实现数控化等。

### （二）精密化

科学技术的发展和国际化市场竞争的加剧，对制造精度的要求也越来越高，从微米级发展到亚微米级乃至纳米级。为了提高产品质量，压缩工件制造的公差带，只采用传统的措施，一味提高机械制造装备自身的精度已经无法达到这些要求，需要采用误差补偿技术。误差补偿技术可以是机械式的，如为提高丝杠或分度蜗轮的精度采用校正尺或校正凸轮等。较先进的方法是采用数字化误差补偿技术，通过误差补偿来提高其几何精度、传动精度、运动精度和定位精度等。

### （三）自动化

自动化有全自动化和半自动化之分。全自动化是指能自动完成工件的上料、加工和卸料的生产全过程。半自动化则是上、下料需要人工完成。实现自动化后，可以减少加工过程中人的干预，减轻工人劳动强度，提高加工效率和劳动生产率，保证产品质量及机器的稳定性，改善劳动条件。

实现自动化控制和运行的方法可分为刚性自动化和柔性自动化。刚性自动化是指采用传统的凸轮和挡块控制，如采用凸轮机构控制多个部件运动，使之相互协调工作。当工件发生变化时，必须重新设计凸轮及调整挡块，由于调整过程复杂，因此这种方式仅适合大批量生产。柔性自动化是由计算机控制的生产自动化，主要包括可编程逻辑控制和计算机数字控制。通过计算机数字控制和可编程逻辑控制相结合，实现单件小批量生产的柔性自动化控制，如数控机床、加工中心、柔性制造单元、柔性制造系统以及计算机集成制造等。

生产自动化技术不断向智能化方向发展，在加工过程中，可根据实际加工条件自动地改变切削用量（如切削速度、进给速度等），使加工过程始终处于最佳状态。

### （四）机电一体化

机电一体化是指机械技术与微电子、传感监测、信息处理、自动控制和电力电子等技术，按系统工程和整体优化的方法，有机地组成最佳技术系统。机电一体化系统和产品的通常结构是机械的，用传感器检测来自外界和机器内部运行状态的信息，由计算机进行处理，经控制系统，由机械、液压、气动、电气、电子及其混合形式的执行系统进行操作，使系统能自动适应外界环境的变化。设计机电一体化产品要充分考虑机械、液压、气动、电力电子、计算机硬件和软件的特点，充分发挥各自的特点，进行合理的功能搭配，构成一个极佳的技术系统，使得机械制造装备体积小、结构简化、原材料节约、可靠性和效率提高，从而实现机械制造装备精密化、高效化和柔性自动化。

### (五) 符合工业工程的要求

工业工程是对人、物料、设备、能源和信息所组成的集成系统进行设计、改善和实施的一门科学。其目标是设计一个生产系统及其控制方法，在保证工人和最终用户健康和安全的前提下，以最低的成本生产出符合质量要求的产品。

在产品开发阶段，应充分考虑结构的工艺性，提高其标准化、通用化水平，以便采用最佳的工艺方案，选择最合理的制造设备，尽可能减少材料和能源的消耗，合理地进行机械制造装备的总体布局，优化操作步骤和方法，提高工作效率，并对市场和消费者进行调研，保证产品达到合理的质量标准，以免因质量标准定得过高而造成不必要的浪费。

### (六) 符合绿色工程的要求

绿色工程是指注重保护环境、节约资源、保证可持续发展的工程。按绿色工程的要求设计的产品称为绿色产品。绿色产品的设计在充分考虑产品的功能、质量、开发周期和成本的同时，还优化各有关设计的要求，使得产品从设计、制造、包装、运输、使用到报废处理的整个生命周期中，对环境的影响最小，资源利用率最高。

绿色产品设计时考虑的内容包括产品材料的选择应该是无毒、无污染、易回收、可重用、易降解的；产品制造过程中应充分考虑对环境的保护，包括资源回收、废弃物的再生和处理、原材料的再循环、零部件的再利用等方面；产品的包装也应充分考虑选用资源丰富的包装材料，以及包装材料的回收利用及其对环境的影响等；原材料再循环利用的成本一般较高，应综合考虑经济、结构和工艺上的可行性；为了零部件的再利用，应通过改变材料、结构布局和零部件的连接方式来实现产品拆卸的方便性和经济性。

# 第三节 机械制造装备的分类

机械制造过程是一个十分复杂的生产过程，是从原材料开始，经过热、冷加工，装配成产品，对产品进行检测、包装和发运的全过程。整个过程所使用的装备类型繁多，大致可划分为加工装备、工艺装备、储运装备和辅助装备四大类。

## 一、加工装备

加工装备是机械制造装备的主体和核心，是指采用机械制造方法制作机器零件或毛坯的机床。机床是制造机器的机器，也称为工作母机，其种类很多，包括金属切削机床、特种加工机床、快速成型机、锻压机床、塑料注射机、焊接设备、铸造设备和木工机床等。其中的特种加工机床可以归于金属切削机床类别中。

### （一）金属切削机床

金属切削机床是采用切削工具或特种加工方法，从工件上除去多余或预留的金属，以获得符合规定尺寸、几何形状、尺寸精度和表面质量要求的零件的加工设备。采用机床加工可使零件获得较高的精度和表面质量，完成40% ~ 60%及以上的加工工作量。由于金属切削机床的品种繁多，为了便于区别、使用和管理，须从不同角度对其进行分类。

1. 按机床工作原理和结构性能特点分类

我国把机床划分为：车床、钻床、镗床、磨床、齿轮加工机床、螺纹加工机床、铣床、刨插床、拉床、特种加工机床、切断机床和其他机床12大类。其中，特种加工机床又包括电加工机床、超声波加工机床、激光加工机床、电子束和离子束加工机床、水射流加工机床。其中的电加工机床又包括电火花加工、电火花切割和电解加工机床。特种加工机床可解决用常规加工手段难以甚至无法解决的工艺难题，能够满足国防和高新科技领域的需要。

2. 按机床使用范围分类

按机床使用范围可把机床分为通用机床、专用机床和专门化机床。

（1）通用机床（又称万能机床）

通用机床可加工多种工件，完成多种工序，是使用范围较广的机床，如万能卧式车床、万能升降台铣床等。这类机床的通用程度较高，结构较复杂，主要用于单件及小批量生产。

（2）专用机床

专用机床用于加工特定工件的特定工序的机床，如主轴箱的专用镗床。这类机床是根据特定的工艺要求专门设计、制造与使用的，因此生产率很高，结构简单，适用于大批量生产。组合机床是以通用部件为基础，配以少量专用部件组合而成的一种特殊形式的专用机床。

（3）专门化机床（又称专业机床）

专门化机床用于加工形状相似、尺寸不同工件的特定工序的机床。这类机床的特点介于通用机床与专用机床之间，既有加工尺寸的通用性，又有加工工序的专用性，如精密丝杠车床、凸轮轴车床等，生产率较高，适用于成批生产。

数控机床是计算机技术、微电子技术、先进的机床设计与制造技术相结合的产物，它能适应产品的精密、复杂和小批量的特点，是一种高效高柔性的自动化机床，代表了金属切削机床的发展方向。加工中心又称自动换刀数控机床，它是具有刀库和自动换刀装置，能够自动更换刀具，对一次装夹的工件进行多工位、多工序加工的数控机床。

3. 按机床精度分类

同一种机床按其精度和性能又可分为普通机床、精密机床和高精度机床。此外，按照机床的质量（习惯称重量）大小又可分为仪表机床、中型机床、大型机床、重型机床和超重型机床等。

（二）特种加工机床

1. 电加工机床

直接利用电能对工件进行加工的机床，统称为电加工机床。一般指电火花加工机床和电解加工机床。

（1）电火花加工机床

电火花加工是一种通过脉冲放电对导电材料进行电蚀以去除多余材料的工艺方法。加工时将工具与工件置于具有一定绝缘强度的液体介质中，并分别与脉冲电源的正、负极相连接。利用调节装置控制工具电极，保证工具与工件之间维持正常加工所需的较小的放电间隙。当两极之间的电场强度增加到足够大时，两极间最近点的液体介质被击穿，产生短时间、高能量的火花放电，放电区域的温度瞬间可达 10 000 ℃以上，金属被熔化或气化。灼热的金属具有很大的压力，引起剧烈爆炸，而将熔融金属抛出，金属微粒被液体介质冷却并迅速从间隙中冲走，工具与工件表面形成一个小凹坑，接下来进行第二次放电，如此周而复始高频率地循环下去。工具电极不断地向工件进给，得到无数小凹坑组成的加工表面，工具的形状就被印在工件上面。

电火花加工常用在电火花穿孔、电火花型腔加工、电火花线切割等。利用此工艺进行加工的设备称为电火花加工机床。

（2）电解加工机床

电解加工是利用金属在电解液中发生阳极溶解的电化学反应原理，将金属材料加工成型的一种方法。工件接直流电源正极，工具接负极，两极间保持较小的间隙（通常为0.02～0.70 mm），电解液以一定的压力和速度从间隙间流过，当接通直流电源时，工件表面金属材料产生阳极溶解，溶解的产物被高速流动的电解液及时冲走，工具阳极以一定的速度向工件进给，工件表面金属材料便不断溶解，于是在工件表面形成与工具型面近似而相反的形状，直至加工尺寸及形状符合要求时为止。

电解加工常用于叶片型面、模具型腔与花键、深孔加工、异型孔及复杂零件的薄壁结构加工等。电解加工用于电解刻印、电解倒棱去毛刺时，加工效率高，费用低，用电解抛光不仅效率比机械抛光高，而且抛光表面的耐腐蚀性更好。利用此原理进行加工的设备称为电解加工机床。

2. 超声波加工机床

利用工具端面做超声波振动，使工作液中的悬浮磨粒对工件表面撞击抛光来实现加工，称为超声波加工。超声发生器将工频交流电能转变为有一定功率输出的超声频电振荡，然后通过换能器将此超声频电振荡转变为超声频机械振动，由于其振幅很小，需要通过一个上粗下细的振幅扩大棒，使振幅增大，固定在振幅扩大棒端头的工具即受迫振动，并迫使工作液中的悬浮磨粒以很高的速度，不断地撞击、抛光被加工表面，把加工区域的材料粉碎成很细的微粒后击打下来。超声波加工适用于各种硬脆材料，特别是非金属材料，如玻璃、陶瓷、石英、锗、硅、玛瑙、宝石、金刚石等，适用于加工各种复杂形状的型孔、型腔及成型表面。利用超声波进行加工的设备称为超声波加工机床。

3. 激光加工机床

激光是一种亮度高、方向性好、单色性好、相干性好的光。由于激光是能量密度非常高的单色光，因而可以通过一系列光学系统将其聚焦成平行度很高的微细光束，当激光照射到工件表面时，光能被工件迅速吸收并转化为热能，产生10 000℃以上的高温，从而在极短的时间内使各种物质熔化和气化，达到去除材料的目的。激光加工常用于打孔、切割、雕刻、焊接、热处理等。利用激光能量进行加工的设备称为激光加工机床。

4. 电子束加工机床

电子束加工是指在真空条件下，由阴极发射出的电子流被带高电位的阳极吸引，在飞向阳极的过程中，经过聚焦、偏转和加速，最后以高速和细束状轰击被加工工件部位，在几分之一秒内，将其99%以上的能量转化为热能，使工件上被轰击的局部材料在瞬间熔化、气化和蒸发，以完成工件的加工。常用于穿孔、切割、蚀刻、焊接、蒸镀、注入和熔炼等。此外，利用低能电子束对某些物质的化学作用，进行镀膜和曝光，也属于电子束加工。电子束加工机床就是利用电子束的上述特性进行加工的装备。

5. 离子束加工机床

离子束加工是在真空条件下，将离子源产生的离子束经过加速、聚焦打到工件表面上，以实现去除加工。与离子束加工不同，电子束加工是靠动能转化为热能来进行加工的，而离子束加工则依靠微观的机械撞击产生动能。离子撞击工件表面时，可以将工件表面的原子一个一个地打击出去，从而实现工件加工。离子束加工用于离子溅射镀膜、离子刻蚀、离子注入等。离子束加工机床就是利用离子束的上述特点进行加工的设备。

6. 水射流加工机床

水射流加工又称水刀加工，它是利用超高压水射流及混合于其中的磨料对材料进行切割、穿孔和表面材料去除等加工的。其加工机理综合了由超高速液流冲击产生的穿透割裂作用和悬浮于液流中磨料的游离磨削作用。水射流可加工各种金属和非金属材料，切口平整，无毛刺，切削时无火花和热效应，加工洁净。利用水射流进行加工的设备称为水射流加工机床。

（三）锻压机床

锻压机床是利用金属塑性变形进行加工的一种无屑加工设备，主要包括锻造机、冲压机、挤压机和轧制机四大类。

锻造机的作用是使坯料在工具的冲击力或静压力作用下成型，并使其性能和金相组织符合一定要求。按成型的方法可分为自由锻造、胎模锻造、模型锻造和特种锻造，按锻造温度的不同可分为热锻、温锻和冷锻。

冲压机是借助模具对板料施加外力，迫使材料按模具的形状、尺寸进行剪裁成型。按加工时温度的不同，可分为冷冲压和热冲压。冲压工艺具有省工、省料和生产效率高的突出优点。

挤压机是借助凸模对放在凹模内的金属材料进行挤压成型。根据挤压时温度的不同，可分为冷挤压、温挤压和热挤压。挤压成型有利于低塑性材料成型，与模锻相比，不仅生产效率高、节省材料，而且可获得较高的精度。

轧制机是使金属材料在旋转轧辊的作用下变形。根据轧制温度可分为热轧和冷轧，根据轧制方式可分为纵轧、横轧和斜轧。

## 二、工艺装备

工艺装备是产品制造过程中所用各种工具的总称，包括刀具、夹具、模具、测量器具和辅具等。它们是贯彻工艺规程、保证产品质量和提高生产率的重要技术手段。

### （一）刀具

刀具是能从工件上切除多余材料或切断材料的带刃工具。工件的成型是通过刀具与工件之间的相对运动实现的，因此，高效的机床必须同先进的刀具相配合才能充分发挥作用。切削加工技术的发展，与刀具材料的改进以及刀具结构和参数的合理设计有着密切联系。刀具类型很多，每一种机床都有其代表性的一类刀具，如车刀、钻头、镗刀、砂轮、铣刀、刨刀、拉刀、螺纹加工刀具、齿轮加工刀具等。刀具种类虽然繁多，但大体上可分为标准刀具和非标准刀具两大类。标准刀具是按国家或部门制定的有关"标准"或"规范"制造的刀具，由专业化的工具厂家集中大批量生产，占所用刀具的绝大部分。非标准刀具是根据工件与具体加工的特殊要求设计制造的，也可通过将标准刀具加以改制从而实现非标准刀具的功能。过去，我国的非标准刀具主要由用户厂家自行生产，随着专业化生产的发展和服务水平的提高，非标准刀具也应由专业厂家根据用户要求生产，以便于提高质量降低成本。

### （二）夹具

夹具是机床上用来装、夹工件以及引导刀具的装置。夹具对于贯彻工艺规程、保证加工质量和提高生产率起着决定性的作用。夹具一般由定位机构、夹紧机构、导向机构和夹具体等部分构成，按照其应用机床的不同可分为车床夹具、铣床夹具、钻床夹具、刨床夹具、镗床夹具和磨床夹具等；按照其专用化程度又可分为通用夹具、专用夹具、成组夹具和组合夹具等。

通用夹具是已经规格化、标准化的夹具，主要用于单件小批量生产，如车床夹盘、铣床用分度头、台钳等；专用夹具是根据某一工件的特定工序专门设计制造的，主要用于有一定批量的生产中。

### （三）测量器具

测量器具是用直接或间接的方法测出被测对象量值的工具、仪器及仪表等，简称量具和测量仪。量具可分为通用量具、专用量具和组合测量仪等。通用量具是标准化、系列化和商品化的量具，如千分尺、千分表、量块以及光学、气动和电动量仪等。专用量具是专门为特定零件的特定尺寸而设计的，如量规、样板等，某些专用量规通常会在一定范围内具有通用性。组合测量仪可同时对多个尺寸进行测量，有时还能进行计算、比较和显示，一般属于专用量具或在一定范围内通用。

数控机床的应用大大简化了生产加工中的测量工作，减少了专用量具的设计、制造与使用。测试技术与计算机技术的发展，使得许多传统量具向数字化和智能化方向发展，适应了现代生产技术的发展。

### （四）模具

模具是用来限定生产对象的形状和尺寸的装置。模具按填充方法和填充材料的不同，可分为粉末冶金模具、塑料模具、压铸模具、冲压模具和锻压模具等。数控技术和特种加工技术的发展，促进了模具制造技术的发展，使得少切削、无切削技术在生产制造中得到广泛应用。

## 三、储运装备

物料储运装备是生产系统必不可少的装备，直接影响企业生产的布局、运行与管理等方面。物料储运装备主要包括物料运输装置，机床上、下料装置，刀具输送设备以及各级仓库及其设备。

### （一）物料运输装置

物料运输主要指坯料、半成品及成品在车间内各工作站（或单元）间的输送，从而满足流水生产线或自动生产线的要求。物料运输装置主要包括传送装置和自动运输小车两大类。

传送装置的类型很多，例如由辊轴构成流动滑道，靠重力或人工实现物料输送的装置；由刚性推杆推动工件做同步运动的步进式输送带；在两工位间输送工件的输送机械手、链式输送机，用来带动工件或随行夹具做非同步输送等。用于自动生产线中的传送装置要求工作可靠、定位精度高、输送速度快，能方便地与自动生产线的工作协调等。

与传送装置相比，自动运输小车具有较大的柔性，通过计算机控制，可方便地改变输送路线及节拍，主要用于柔性制造系统中。自动运输小车可分为有轨和无轨两大类。前者载重量大、控制方便、定位精度高，但一般用于近距离的直线输送；后者一般靠埋入地下的制导电缆进行电磁制导，也可采用激光制导等方式，其输送线路控制灵活。

## （二）机床上、下料装置

将坯料送至机床的加工位置的装置称为上料装置，加工完毕后将工件从机床上取走的装置称为下料装置，它们能缩短上、下料时间，减轻工人的劳动强度。机床上、下料装置类型很多，包括料仓式和料斗式上料装置，上、下料机械手等。在柔性制造系统中，对于小型工件，常采用上、下料机械手或机器人，大型复杂工件则采用可交换工作台进行自动上、下料。

## （三）刀具输送设备

在柔性制造系统中，必须有完备的刀具准备与输送系统，用来完成刀具准备、测量、输送及重磨刀具回收等工作，刀具输送常采用传输链、机械手等装置，也可采用自动运输小车对备用刀库等设备进行输送。

## （四）仓储装备

机械制造生产中离不开不同级别的仓库及其装备。仓库是用来存储原材料、外购器材、半成品、成品、工具、夹具等的场所，对仓库应分别进行厂级或车间级管理。现代化的仓储装备不仅要求布局合理，而且要求有较高的机械化程度，能降低劳动强度，并采用计算机管理，能与企业生产管理信息系统进行数据交换，能控制合理的库存量等。

自动化立体仓库是一种现代化的仓储设备，具有布置灵活、占地面积小、便于实现机械化和自动化、方便计算机控制与管理等优点，具有良好的发展前景。

## 四、辅助装备

辅助装备包括清洗机、排屑装置和测量、包装设备等。

清洗机是用来对工件表面的尘屑、油污等进行清洗的机械设备，能保证产品的装配质量和使用寿命。应该给予足够的重视。清洗时可采用浸洗、喷洗、气相清洗和超声波清洗等方法，在自动装配中清洗作业应能分步自动完成。

排屑装置用于自动机床、自动加工单元或自动生产线上，包括切屑清除装置和输送装置。切屑清除装置常采用离心力压缩空气、冷却液冲刷、电磁或真空清除等方法；输送装置包括带式、螺旋式和刮板式等多种类型，保证能将切屑输送至机外或线外的集屑器中，并能与加工过程协调控制。

## 五、包装设备

包装设备是指能完成全部或部分产品和商品包装过程的设备。包装过程包括充填、裹包、封口等主要工序，以及与其相关的前后工序，如清洗、堆码和拆卸等。此外，包装还包括计量或在包装件上盖印等工序。使用机械包装产品可提高生产率，减轻劳动强度，适应大规模生产的需要，并满足清洁卫生的要求。

# 第二章 机械制造装备设计的类型与方法

机械制造装备应满足的一般功能要求：加工精度方面的要求；强度、刚度和抗振性方面的要求；耐用度方面的要求；技术经济方面的要求。

## 第一节 机械制造装备产品设计的类型

### 一、新产品设计

新开发的或在性能、结构、材质、原理等某一方面或某几个方面具有重大变化的，以及在技术上有突破创新的产品，称为新产品。新产品开发设计是指从市场调研阶段到新产品定型投产的全过程。因此，新产品设计一般需要较长的开发设计周期，并需要投入较大的工程量。企业要在激烈的竞争环境中"生存、发展并扩大竞争优势"，必须适时地推出具有竞争力的新产品，要做到"生产一代、研制一代、构思一代"，并根据市场需求进行预测，同时采用知识创新和技术创新手段，开发设计具有高技术附加值的自主版权的新产品。

进行创新设计离不开创新性思维，创新性思维具有两种类型，即直觉思维和逻辑思维。直觉思维是在一种下意识的状态下，对事物内在的复杂关系产生的突发性的领悟过程，具有创造灵感突然降临的色彩。但是在当前市场竞争十分激烈的情况下，完全依靠直觉思维和创造灵感的创新方式不能及时地推出具有竞争力的创新产品。所以必须采用逻辑思维方法，用主动的工作方式向创新目标迈进，开发出新一代的、具有高技术附加值的产品，并改善产品的功能、技术性能和质量，降低生产成本和能源消耗，同时采用先进的生产工艺，缩短与国内外同类先进产品之间的差距，从而提高产品的竞争力。

创新设计通常应从市场调研和预测阶段开始，首先明确产品的创新设计任务，然后经过产品规划、方案设计、技术设计和工艺设计四个阶段，还应通过产品试制和产品试验来验证新产品的技术可行性，再通过小批量试制生产来验证新产品的制造工艺和工艺装备的可行性。创新设计一般需要较长的设计开发周期，并需要投入较大的研制开发工作量。

## 二、变型产品设计

在现有产品的基本工作原理和总体结构不变的基础上，仅对其部分结构、尺寸或性能参数加以改变的产品，称为变型产品。变型产品的开发设计周期较短，工作量和难度较小，设计效率和质量较高，并可以对市场做出快速响应。变型设计的基础是现有产品，它应是工作可靠、技术成熟和性能先进的产品，将其作为"基型产品"，以较少规格和品种的变型产品来最大限度地满足市场的各种需求。变型产品是在系列型谱的范围内有依据地进行设计的。

变型设计常常采用适应型和变参数型两种设计方法，这两种方法都是在原有产品的基础上，保持其基本工作原理和总体机构不变。适应型设计是通过改变或更换部分部件或机构，变参数型设计是通过改变部分尺寸与性能参数，形成所谓的变型产品，以扩大其使用范围，更广泛地满足用户需求。作为变型设计依据的原有产品，通常是采用创新设计方法完成的，变型设计应该在"基型产品"的基础上，遵循系列化的原理，并在系列型谱的范围内有依据地进行设计。

## 三、模块化设计

模块化设计是产品设计合理化的另外一条途径，是提高产品质量、降低产品成本、加快设计进度、进行组合设计的重要途径。模块化设计是按照合同的要求，选择适当的功能模块，直接拼装成所谓的"组合产品"的过程。组合产品设计是在对一定范围内不同性能、不同规格的产品进行功能分析的基础上，划分并设计出一系列功能模块，并通过这些模块的组合，构成不同类型或相同类型不同性能的产品，以满足市场的多方面需求。模块也应该用系列化设计原理进行设计，即每类模块虽有多种规格，但其规格参数按一定的规律变化，而其功能结构完全相同，不同模块中的零部件应尽可能标准化和通用化。

据不完全统计，机械制造装备产品中有一大半属于变型产品和组合产品，创新产品只占一小部分，尽管如此，创新设计的重要意义仍然不可低估。

# 第二节 机械制造装备设计的方法

机械制造装备设计的方法包括新产品设计方法、系列化产品设计方法和模块化产品设计方法。

## 一、新产品设计

机械制造装备新产品开发设计的内容与步骤的基本程序包括决策、设计、试制和定型投产四个阶段。

### （一）决策阶段

该阶段是对市场需求、技术和产品发展动态、企业生产能力及经济效益等方面进行可行性调查研究，并分析决策开发项目和目标的阶段。

1. 需求分析

需求分析一般包括对销售市场和原材料市场的分析，具体分析内容有以下几方面：

（1）新产品开发面向的社会消费群体，以及他们对产品功能、技术性能、质量、数量、价格等方面的要求。

（2）现有类似产品的功能、技术性能、价格、市场占有情况和发展趋势。

（3）竞争对手在技术、经济方面的优势和劣势及其发展趋势。

（4）主要原材料、配件、半成品等的供应情况，价格及变化趋势等。

2. 调查研究

调查研究包括市场调研、技术调研和社会调研三部分。

（1）市场调研

市场调研包括用户的需求情况、产品的情况、同行业的情况和供应情况等几个方面的内容。

（2）技术调研

技术调研包括分析国内外同类产品的结构特征、性能指标、质量水平与发展趋势，并对新产品的要素进行设想（包括使用条件、环境条件、性能指标、可取性、外观、安装布局及应执行的标准或法规等），对新采用的原理、结构、材料、技术及工艺进行分析，以确定需要的攻关项目和先行试验等，并提出技术调研报告。

（3）社会调研

社会调研一般包括企业目标市场所处的社会环境和有关的经济技术政策，如产业发展政策、投资动向、环境保护及安全等方面的法律、法规和标准；社会的风俗习惯；社会人员的构成状况、消费水平、消费心理和购买能力；本企业实际情况、发展动向、优势和不足及发展潜力；等等。

3. 可行性分析

可行性分析是指对新产品的设计和生产的可行性进行分析，并提出可行性分析报告，报告的内容包括产品的总体方案、主要技术参数、技术水平、经济寿命周期、企业生产能力、生产成本与利润预测等。

可行性分析一般包括技术分析、经济分析和社会分析三方面。技术分析是对开发产品可能遇到的主要关键技术问题做全面的分析，并提出解决这些关键技术问题的措施；通过经济分析，应力求新产品投产后能以最少的人力、物力和财力消耗得到较满意的功能，并取得较好的经济效益；社会分析是分析开发的产品对社会和环境的影响。通过技术、经济和社会分析，以及对开发可能性的研究，应提出产品开发的可行性报告。

可行性报告一般包括以下几个内容：

（1）产品开发的必要性，市场调查及预测情况，包括用户对产品的功能、用途、质量、使用维护、外观、价格等方面的要求。

（2）国内外同类产品的技术水平及发展趋势。

（3）从技术上预测所开发的产品能够达到的技术水平。

（4）在设计、工艺和质量等方面需要解决的关键技术问题。

（5）投资费用及开发时间进度，经济效益与社会效益估计。

（6）在现有条件下开发的可能性及准备采取的措施。

4. 开发决策

该阶段会对可行性报告组织评审，并提出评审报告及开发项目建议书，供企业领导决策、批准和立项。

## （二）设计阶段

设计阶段要进行设计构思计算和必要的试验，并完成全部产品图样和设计文件。它又分为任务书的制定、初步设计、技术设计和工作图设计四个阶段。

1. 任务书的制定

经过可行性分析，应能确定待设计产品的设计要求和设计参数，并结合企业的实际情况，编制产品的设计任务书。产品的设计任务书是指导产品设计的基础性文件，其主要任务是对产品进行选型，并确定最佳的设计方针。在设计任务书内，应说明设计该产品的必要性和现实意义，其内容应包括产品的用途描述、设计所需要的全部重要数据、总体布局和结构特征以及产品应该满足的要求、条件和限制等。这些要求、条件和限制来源于市场、系统属性、环境、法律法规与有关标准，以及企业自身的实际情况，是产品设计评价的依据。

2. 初步设计

初步设计是完成产品总体方案的设计。初步设计方案可能有多种，首先应对初步设计方案进行初选，通过观察淘汰法或者分数比较法，淘汰那些明显不好的方案；然后对通过初选的初步设计方案进一步具体化，即在空间占用量、质量、主要技术参数、性能、所用材料、制造工艺、成本和运行费用等方面进行量化。

具体采用的方法一般包括：绘制方案原理图、整机总体布局草图和主要零部件草图；进行运动学、动力学和强度方面的粗略计算，以便定量地反映初步设计方案的工作特性；分析确定主要设计参数，验证设计原理的可行性；对于大型、复杂的设备，可先制作模型，以便获得比较全面的技术数据；确定产品的基本参数及主要技术性能指标、总体布局及主要部件结构、产品的主要工作原理及各工作系统配置、标准化综合要求等。必要时应进行试验研究，并提出试验研究报告。对初步设计进行技术经济评价，通过后可作为技术设计的基础。

3. 技术设计

技术设计是设计、计算产品及其组成部分的结构、参数并绘制产品总图及其主要零部件图样的工作。它是在试验研究、设计计算及技术经济分析的基础上修改总体设计方案，编制技术设计说明书，并对技术任务书中确定的设计方案、性能参数、结构原理等方面的变更情况、原因与依据等予以说明。技术设计中的试验研究是对主要零部件的结构、功能及可靠性进行试验，并为零部件设计提供依据的过程。在通过技术设计评审后，其产品的技术设计说明书、总图、简图、主要零部件图等图样与文件，可作为工作图设计的依据。

（1）确定结构原理方案

确定结构原理方案的主要依据包括：决定尺寸的依据，如功率、流量和联系尺寸等；决定布局的依据，如物流方向、运动方向和操作位置等；决定材料的依据，如耐腐蚀性、耐用性、市场供应情况等；决定和限制结构设计的空间条件，如距离、规定的轴的方向、装入的限制范围等。对产品的主要功能结构进行构思，初步确定其材料和形状，并进行粗略的结构设计。对确定的结构原理方案进行技术经济评价，为进一步的修改提供依据。

（2）总体设计

总体设计阶段的任务是将结构原理方案进一步具体化。

总体设计的内容一般包括以下几项：

①主要结构参数，包括尺寸参数、运动参数、动力参数、占用面积和空间等方面。总体布局包括部件组成、各部件的空间位置布局和运动方向、物料流动方向、操作位置和各部件的相对运动配合关系，即工作循环图。在确定总体布局时，应充分考虑使用维护的方便性、安全性、外观造型、环境保护和对环境的要求等涉及"人－机－环境"的关系。

②系统原理图，包括产品总体布局图、机械传动系统图、液压系统图、电力驱动和控

制系统图等。

（3）结构设计

结构设计阶段的主要任务是在总体设计的基础上，对结构原理方案进行结构化，并绘制产品总装图与部件装配图；提出初步的零件表、加工和装配说明书；对结构设计进行技术经济评价。进行结构设计时必须遵守国家、有关部门与企业颁布的相关标准和规范，充分考虑诸如人机工程，外观造型，结构可靠和耐用性，加工和装配的工艺性，资源回用，环保以及材料、配件和外协件的供应，企业设备、资金和技术资源的利用，产品的系列化、零部件的通用化和标准化，结构相似性和继承性等方面的要求，通常要经过设计、审核、修改、再审核、再修改多次反复，才可批准投产。结构设计阶段经常采用有限元分析、优化设计、可靠性设计、计算机辅助设计等现代设计方法，来解决设计中出现的问题。

在技术设计阶段，由于掌握了更多的信息，从而比方案设计阶段能更具体、更定量地根据设计要求，分析必达的要求被满足和超过的程度，以及对希望达到的要求的处理结果，在此基础上做出精确的技术经济评价，并找出设计的薄弱环节，进一步改进设计。产品的技术经济评价通常从以下几个方面进行：可实现的功能，作用原理的科学性，结构的合理性，参数计算的准确性，安全性，人机工程的要求，制造、检验、装配、运输、使用和维护的性能，资源回用，成本和产品的研制周期，等等。

4.工作图设计

工作图设计是绘制产品全部工作图样和编制必需的设计文件的工作，以供加工、装配、供销、生产管理及随机出厂使用。该过程要严格贯彻执行各级各类标准，要进行标准化审查和产品结构工艺性审查。工作图设计又称为详细设计或施工设计。

零件图中包含了为制造零件所需的全部信息。这些信息包括几何尺寸，全部尺寸，加工面的尺寸公差、几何公差和表面粗糙度要求，材料和热处理要求，其他特殊技术要求等方面。组成产品的零件有标准件、外购件和基本件三类。标准件和外购件不必提供零件图，基本件无论是自制或外协，均须提供零件图。零件图的图号应与装配图中的零件件号相对应。

在绘制零件图时，要更加具体地从结构强度、工艺性和标准化等方面进行零件的结构设计，所以零件图设计完毕后，应完善装配图的设计。装配图中的每一个零件应按照企业规定的格式标注件号。零件件号是零件唯一的标识符，不可乱编，以免导致生产中发生混乱。件号中通常包含产品型号和部件号方面的信息，有的还包含材料、毛坯类型等其他信息，以便备料和毛坯的生产与管理。

产品设计完成之后要进行商品化设计，商品化设计的目的是进一步提高产品的市场竞争力。商品化设计的内容一般包括：进行价值分析和价值设计，在保证产品功能和性能的基础上，降低成本；利用工业美学原理设计精美的造型和悦目的色彩，以改善产品的外观功能；精化包装设计等方面。

最后应重视技术文档的编制工作，将其看成是设计工作的继续和总结。编制技术文档的目的是为产品制造、安装调试提供所需的信息，为产品的质量检验、安装运输和使用等做出相应的规定。为此，技术文档应包括产品设计计算书、产品使用说明书、产品质量检查标准和规则、产品明细表等。产品明细表包括基本件明细表、标准件明细表和外购件明细表等。

## （三）试制阶段

该阶段是通过样机试制和小批量试制，验证产品图样、设计文件、工艺文件、工装图样的正确性，以及产品的适用性和可靠性。

### 1. 样机试制

样机试制阶段首先要编制产品试制的工艺方案和工艺规程等，试制 1 ~ 2 台样机后，经试验、生产考验后对其进行鉴定，并提出改进设计方案，对设计图样和文件进行修改定型。

### 2. 小批量试制

小批量试制 5 ~ 10 台新产品，为批量生产做工艺准备，根据鉴定及试销后的质量反馈，进一步修改有关图样和文件，从而完善产品设计。

## （四）定型投产阶段

该阶段是完成正式投产前的准备工作阶段，其工作内容包括对工艺文件、工艺装备进行定型，对设备、检测仪器进行配置、调试和标定等。该阶段的要求是达到正式投产条件，并具备稳定的批量生产能力。

对于不同的设计类型，其设计步骤大致相同。上文介绍的是机械制造装备设计的典型步骤，比较适用于创新设计类型。如果创新设计遵循系列化和模块化设计的原理，并为产品的进一步变型和组合已做了必要的考虑，那么变型设计和组合设计的有些步骤可以简化甚至省略。

## 二、系列化产品设计

### （一）系列化设计的概念

系列化设计是为了缩短产品的设计、制造周期，降低成本，保证和提高产品的质量而进行的设计。在产品设计中应遵循系列化设计的方法，以提高系列产品中零部件的通用化和标准化程度。

系列化设计方法是在设计的某一类产品中，选择功能、机构和尺寸等方面较典型的产品作为基型，以它为基础，运用结构典型化、零部件通用化及标准化的原则，设计出其他各种尺寸参数的产品，构成产品的基型系列。在产品基型系列的基础上，同样运用结构典型化、零部件通用化及标准化的原则，增加、减去、更换或修改少数零部件，从而派生出不同用途的变型产品，并构成产品派生系列。在此基础上，编制反映基型系列和派生系列关系的产品系列型谱。在产品系列型谱中，各规格的产品应具有相同的功能结构和相似的结构形式；同一类型的零部件在规格不同的产品中具有完全相同的功能结构；不同规格的产品的同一种参数按一定的规律（通常按照比级数）变化。

系列化设计应遵循"产品系列化、零部件通用化、标准化"的原则（简称"三化"原则）进行设计。有时，我们将"结构的典型化"作为第四条原则，即所谓"四化"原则。系列化设计是产品设计合理化的一条途径，是提高产品质量、降低成本和开发变型产品的重要途径之一。

## （二）系列化设计的优、缺点

### 1. 系列化设计的优点

（1）系列化设计能用较少品种规格的产品满足市场上较大范围的需求。减少产品意味着增加每个产品的生产批量，这有助于降低生产成本，提高产品制造质量的稳定性。

（2）系列中不同规格的产品是经过严格的性能试验与长期生产考验的基型产品演变和派生而成的，因而可以大大减少设计的工作量，提高设计质量，减少产品开发的风险，并缩短产品的研制周期。

（3）系列产品具有较高的结构相似性和零部件的通用性，因而可以压缩工艺装备的数量和种类，有助于缩短产品的研制周期，降低生产成本。

（4）零部件的种类少，系列中的产品结构相似，便于维修，从而可以改善售后服务的质量。

（5）系列化设计为开展变型设计提供了技术基础。

### 2. 系列化设计的缺点

为了能以较少品种规格的产品满足市场上较大范围的需求，每种品种规格的产品都具有一定的通用性，并只能满足一定范围内的使用需求，用户只能在系列型谱内有限的品种规格中选择所需的产品，因而，选到的产品，一方面其性能参数和功能特性不一定最符合用户的要求，另一方面有些功能还可能冗余。

### （三）系列化设计的步骤

1. 合理选择与设计基型产品

基型产品一般选择系列产品中应用最广泛的中档产品，如在卧式车床产品中，一般选择床上最大回转直径，即主参数为 400 mm 的普通型卧式车床作为基型。

基型产品应是精心设计的新产品，要采用先进的科学的设计方法，寻找最佳的工作原理与结构方案，进行选材，确定结构的尺寸参数，并且注意零部件结构的规范化、通用化和标准化，充分考虑进行变型设计的可能性。

2. 合理制定产品的系列型谱

系列化产品的系列型谱的制定要在基型产品设计之后或在基型产品方案规划中进行统筹考虑。可采用下列方法完成系列型谱的制定：

（1）确定基型系列。所谓基型系列是通过改变基型产品的性能或尺寸参数，一般是主参数，使其按一定的公比（又称级差）排列，组成一系列基型产品，即基型纵系列产品。

（2）以基型产品或各系列基型产品为基础进行全面功能分析，寻找变结构方案，扩展基型或系列基型产品的功能，形成所谓适应型或派生型变型产品，即横系列产品。卧式车床的变型产品有万能型、生产型、马鞍型、精密型、轻型和高速型等。

（3）在系列型谱的制定过程中要进行广泛的市场调查与预测研究，以确定用户的需求，既要防止型号过多，增加设计与生产成本，又要防止型号过少，不能满足用户的多种需求。

3. 采用相似设计方法

因为纵系列产品，无论是基型系列还是派生系列，都是由参数不同，但工作原理相同、结构与形状相似的产品组成的，因此，可采用相似设计方法，进一步提高设计效率与质量。

4. 零部件通用化、标准化与模块化

系列化产品设计要坚持零部件通用化、标准化的原则，同时要加强零部件结构的规范化，以形成标准化的可更换模块，即形成模块化产品。

5. 主参数和主要性能指标的确定

系列化设计的第一步是确定产品的主参数和主要性能指标。主参数和主要性能指标应最大限度地反映产品的工作性能和设计要求。例如，卧式车床的主参数是床身上的最大回转直径，其主要性能指标之一是最大的工件长度；升降台铣床的主参数是工作台工作面的宽度，其主要性能指标是工作台工作面的长度；摇臂钻床的主参数是最大钻孔直径，其主要性能指标是主轴轴线至立柱母线的最大距离等。上述参数决定了相应机床的主要几何尺寸、功率和转速范围，从而决定了该机床的设计要求。

## 三、模块化产品设计

### (一) 模块化设计的特点

模块化设计是产品设计合理化的另一条途径，是提高产品质量、降低成本、加快设计进度和进行组合设计的重要途径。模块化设计是按照合同的要求，选择适当的功能模块，直接拼装成所谓的"组合产品"的设计过程。进行组合产品设计，是在对一定范围内不同性能、不同规格的产品进行功能分析的基础上，划分并设计出一系列的功能模块，并通过这些功能模块的组合，构成不同类型或相同类型不同性能的产品，以满足市场的多方面需要。

模块化设计是发达国家普遍采用的一种先进设计方法，不仅广泛应用于机械、电子、建筑、轻工等领域，还扩展到计算机软件设计和艺术创作等领域。在不同领域中，模块及模块化设计的具体含义与方法各有差异。

机电产品的模块化设计是确定一组具有同一功能和结合要素（指连接部位的形状、尺寸、公差等），但性能和结构不同且能进行互换或组合的结构功能单元，以形成产品的模块系统，选用不同的模块进行组合，便可形成不同类型和规格的产品。

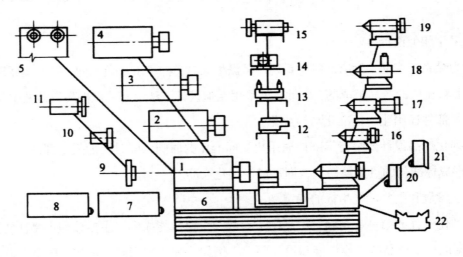

1- 基本转速范围的主轴箱；2- 小转速范围的主轴箱；3- 大转速范围的主轴箱；

4- 可调转速范围的主轴箱；5- 双轴主轴箱；6- 进给与车螺纹机构；

7- 无螺纹进给机构；8- 单速进给机构；9- 气动夹紧装置；

10- 液压夹紧装置；11- 电磁夹紧装置；12- 仿形刀架；13- 转位刀架；

14- 立轴式转塔；15- 卧轴式转塔；16- 气动尾座；

17- 液压尾座；18- 钻孔用尾座；19- 双轴尾座；

20- 快速行程机构；21- 双刀架用快速行程机构；22- 双刀架用床身

图 2-1 卧式车床模块化结构示意图

组合机床是一种典型的模块化专用机床，是以通用模块化部件如动力头、动力滑台、立柱及底座等为基础，配以少量专用模块化部件如主轴箱、夹具等组合而成的。模块化设计特别适用于具有一定批量的变型产品，如卧式车床的模块化结构（如图 2-1 所示），利用这一模块系统可组合成众多不同用途或性能的变型产品。

## （二）模块化设计的步骤

### 1. 对市场需求进行深入调查与明确任务

为了能以最少的模块组合出数量最多且总功能各不相同的产品，需要对市场需求进行深入调查，并对所有待实现的总功能加以明确。

### 2. 建立功能模块

待实现的总功能可由多个具有分功能的模块组合而成。如何划分模块是模块化产品设计中的关键问题。模块种类越少，通用化程度越高，加工批量越大，对降低成本越有利。但每个模块需要满足更多的功能和更高的性能，其结构必然更复杂，由它组成的每个产品的功能冗余也必然增多，因而，整个模块化系统的结构柔性化程度也必然降低。设计时应对功能、性能和成本等诸多方面的因素进行全面分析，才能合理地划分模块。

在模块化设计中，首先要理解和区分两种相互联系又有区别的模块，即结构模块和生产模块。结构模块又称为生产模块，在功能模块的基础上，根据具体生产条件来确定生产模块。生产模块是实际使用时拼装组合的模块。它可以是部件、组件或零件。一个功能模块可能分解成多个生产模块。

（1）功能模块的划分

功能模块是产品中实现各种功能单元的具体方案或载体，是从满足技术功能的角度来划分和定义的，是方案设计中应用的一种概念模块。

功能模块划分的出发点是产品的功能分析，这是模块化设计的基础，应在方案设计阶段完成。功能模块的划分一般采用系统分析方法，即将产品的总功能自上而下逐层分解为分功能、子功能，直至功能单元。产品功能分解的程度和功能模块的大小取决于产品的复杂程度和方案设计等方面的具体要求。从设计工作的实际出发，功能模块可以具有单一的功能，也可以是若干功能单元的组合。产品功能的分解可用功能树来表示，功能模块可用模块树或形态矩阵来表示。

（2）功能模块的类型

根据功能模块的作用，可将其划分成以下几个类型：

①基础功能模块

它是产品构成中基本的、反复出现的和不可缺少的功能模块类型，可以单独出现或与其他功能模块相结合形成一个具体的生产模块或结构模块。如卧式车床中的主运动模块、进给运动模块、床身支撑模块等。

②辅助功能模块

它是用来完成产品的辅助功能的模块，如卧式车床中的快速移动模块、加工冷却模块等，这些模块一般不能单独使用，其结构尺寸等由基础功能模块决定。

③特殊功能模块

此模块是产品功能的某种扩展或补充，是为了满足用户的特殊要求而设计的，其生产批量较基础功能模块少，如卧式车床中的工件自动夹紧模块。

④适应功能模块

此模块是为了适应其他系统或边界条件等必须设置的模块，其结构尺寸只是部分或在一定范围内确定的，根据用户的具体要求或使用环境等，其结构尺寸可做一定的调整，是一种变尺寸或变结构的模块。

⑤非模块化功能块

它是一种根据用户要求而设计的功能模块，由于其生产批量少，其结构及结合要素可不必追求规范化与标准化，这样做有时会利于降低设计与制造成本。

3.建立结构模块

结构模块是根据产品的结构特点和企业的具体生产条件，以有利于生产和方便装配或组装为目的而确定的模块，它是构成产品的具体模块，又称为生产模块。它们可能是一个或几个完整的功能模块及其组合，也可能仅包含某功能模块的一部分。

从产品结构和企业的实际情况出发，在完成产品功能模块划分的基础上，合理地确定结构模块是产品模块化设计的又一关键问题。结构模块可以是产品部件、组件、零件或大型零件的一部分，还可根据分级模块思想进行灵活组合。

（1）部件模块

这种模块既是生产模块，也是单功能或多功能组合而成的功能模块。它具有较高的独立性和完整性，且方便设计与生产管理，是使用最为广泛的一种生产模块。

（2）组件模块

把构成部件的各个组件设计成不同的生产模块，可以使部件具有不同的功能或性能，与部件模块相比，其系统的柔性会有很大的提高。

（3）零件模块

将产品中的某些零件作为结构模块，可以获得最大的系统柔性，并最大限度地增加生产批量。组合夹具就是一种由零件模块构成的组合产品。

（4）大型零件的分段模块

对于大型铸件和焊接件，还可以将其进一步划分为分段模块，并通过组合满足不同规格的产品需求，这样，不仅能方便加工制造，减少对大型机床的需求，同时还可减少木模、砂芯等的使用数量，从而有利于降低生产成本。

（5）分级模块思想

为了更好地发展模块化设计，还可采用分级模块思想，即把产品的结构模块划分成不同的级别，低一级模块可组合成高一级的模块。这种设计思想不仅可以最大限度地提高模块化系统的柔性，而且由于低级模块功能单一、结构简单，可以更方便地提高结构模块的规范化、系列化和标准化水平。

## （三）模块化产品的设计要点

除了满足一般的产品设计要求外，模块化产品的设计还要特别注意以下几点：

1. 统一规划、分步实施

模块化产品设计要在产品规划和方案设计阶段制定产品的系列型谱，并以此为依据完成结构模块系统的设计工作，然后可根据企业的实际情况和市场的具体需求，有步骤地完成所有结构模块的技术设计与施工设计。对于批量小的结构模块，也可在供货合同签订后再行组织设计工作。

2. 搞好技术文件的编制工作

由于模块的设计不直接与产品相联系，因此必须注意编制好技术文件，以指导产品的构成、制造与检阅，具体包括以下几方面的内容：

（1）模块目录表，包括模块编码、有关性能和功能的说明。

（2）模块化产品目录，包括使用的模块类型、组合关系及产品的检测、使用说明等。

（3）模块化产品的计算机管理。采用计算机对模块化产品进行管理，不仅可以完成结构模块目录和模块化产品目录及有关性能、功能的计算机管理，便于进行有关信息的检索与修改完善，除此之外，其具有以下两方面的功能：

①对组合成的产品进行全面评价，因此可根据用户要求进行组合方案的优化；

②在对组合产品进行全面评价的基础上，提出新模块开发及其组合建议，扩大模块化产品的功能，最大限度地满足市场需求。

# 第三节 机械制造装备设计的创新

## 一、可靠性设计

### （一）可靠性的概念

可靠性（Reliability）是产品的一个重要的性能特征。人们总是希望自己所用的产品能够有效且可靠地工作，因为，任何的故障和失效都可能为使用者带来经济损失，甚至会造成灾难性的后果。可靠性最早只是一个抽象的定性的评价指标，产品的可靠性可定义为：产品在规定的条件下和规定的时间、区间内，完成规定功能的能力。这其中的三个"规定"具有某种数值的概念，一个数值是"规定的时间内"，它是具有一定寿命的数值概念。寿命并非越长越好，而是要有一个最经济、有效的使用寿命，当然，这个规定的时间指的是产品出厂后的一段时间，这一段时间可以称为产品的"保险期"。由于经过一个较长时间的稳定使用或储存阶段后，产品的可靠性水平便会随时间的延续而降低，且时间越长，故障与失效越多。所谓"规定的条件"包括环境条件、储存条件以及受力条件等。另一个数值是"规定的功能"，它说的是产品保持功能参数在一定界限值之内的能力，我们不能任意扩大界限值的范围。产品的可靠性与产品的设计、制造、使用以及维护等环节密切相关。从本质上讲，产品的可靠性水平是在设计阶段奠定的，它取决于所设计的产品结构、选用的材料、安全保护措施以及维修适应性等因素；制造阶段能保证产品可靠性指标的实现；而运行使用是对产品可靠性的检验；产品的维护是对其可靠性的保持和恢复。

产品丧失规定的功能称为出故障，对不可修复或不予修复的产品而言，它又称为失效。为保持或恢复产品能完成规定功能的能力而采取的技术管理措施称为维修。可以维修的产品在规定的条件下，并按规定的程序和手段实施维修时，保持或恢复到能完成规定功能的能力，称为产品的维修性。我们把可以维修的产品在某段时间内所具有的，或能维持规定功能的能力称为可用性。产品完成规定的功能包括性能不超过规定范围的"性能可靠性"

与结构不断裂破损的"结构可靠性"。这两方面的可靠性称为狭义可靠性，把狭义可靠性、可用性和保险期综合起来考虑时的可靠性则称为广义可靠性。

当所考虑的产品是由部件或子系统所组成的系统时，我们不能期望它的组成部件或子系统都是等寿命的。因为影响各组成部件或子系统的因素是复杂的。因此，现在多用概率和统计的数学方法来对可靠性的数值指标进行描述。

### （二）可靠性设计的理论基础和可靠性指标

可靠性设计的理论基础是概率统计学。在产品的运行过程中，总有可能发生各种各样的偶然事件（故障），这种偶然事件的内在规律很难找到，甚至是捉摸不定的。但是，偶然事件也不是完全没有规律的，如果我们从统计学的角度去观察，偶然事件也有某种必然的规律。概率论就是一门研究偶然事件中的必然规律的学科，这种规律一般反映在随机变量与随机变量发生的可能性（概率）之间的关系上。用来描述这种关系的数学模型有很多，如正态分布模型、指数分布模型和威布尔模型等。其中最典型的为正态分布模型，即：

$$f(t) = \frac{1}{\sigma\sqrt{2\pi}} e^{-\frac{1}{2}\left(\frac{t-\mu}{\sigma}\right)^2} \qquad （2-1）$$

式中：$t$——随机变量；

　　　$\mu$——平均值；

　　　$\sigma$——标准差（或方差）。

可靠性的主要研究内容有可靠性理论基础和可靠性应用技术，可靠性理论基础包括概率统计理论、失效物理、可靠性设计技术、可靠性环境技术、可靠性数据处理技术、可靠性基础实验及人在操作过程中的可靠性等；可靠性应用技术包括使用要求调查、现场数据收集和分析、失效分析、零部件机器和系统的可靠性设计与预测、软件可靠性、可靠性评价和验证、包装运输保管和使用的可靠性规范、可靠性标准等。

可靠性的数值标准常用三个指标（或称特征值）来表示，即可靠度（Reliability）、失效率或故障率（Failure Rate）、平均寿命（Mean Life）等。

1. 可靠度（Reliability）

可靠度的定义是"零件（系统）在规定的运行条件下，在规定的工作时间内，能正常工作的概率"。由此可见，可靠度包含以下五个要素：

（1）对象

它包括系统、部件等，可以非常复杂，也可以比较简单。

（2）规定的运行条件

运行条件是指对象所处的环境条件和维护条件，产品的运行条件不同，它们之间的可靠度也无法比较。因此，同一产品的运行（工作）条件不同，其设计依据也不同。

（3）规定的工作时间

规定的工作时间一般指对象的工作期限，可以用各种方式来表示，如汽车以千米数来表示、滚动轴承以小时数来表示等。在可靠性设计中，人们往往更追求"产品总体寿命的均衡"，即希望在达到规定的工作时间后所有零件的寿命均告结束。

（4）正常工作

正常工作是指产品能达到人们对它要求的运行效能。否则，就说该产品失效了。有时，产品虽能工作，但不一定能达到要求的运行效能；而有时，产品中虽有某个零件出现故障，但其仍能正常工作，能达到所要求的运行效能。

（5）概率

概率就是可能性，它表现为（0，1）区间的某个数值。根据互补定理，产品从开始启动运行至规定时间时，不出现失效（故障）的概率，即为可靠度。

2. 失效率或故障率（Failure Rate）

大量研究表明，机电产品零件的典型失效率曲线，即失效或故障模式如图 2-2 所示。

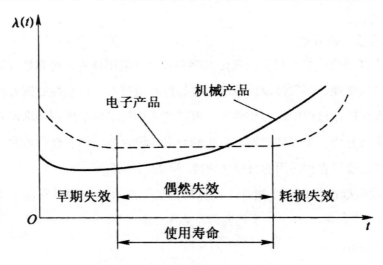

图 2-2 典型的失效率曲线

该曲线可明显地划分为三个区域，即早期失效区域、正常工作区域和功能失效区域。

早期失效区域的失效率较高，其故障率从较高的值迅速下降。这段时期一般属于试车的跑合期。为了消除早期失效，在产品交付使用前，应在较为苛刻的条件下试运行一段时间，以便发现故障并将其排除。

正常工作区域出现的失效具有随机性，其故障率变化不太大，有的略微下降或上升。可以将这段时期称为使用寿命期或偶然故障期。在此区域内，故障率较低。

功能失效区域的失效率迅速上升。一般情况下，零件表现为耗损、疲劳或老化所致的失效。预测这一时间区域意义非常重大。

失效率曲线的三个区域反映了产品零件的三种失效率或故障模式，它们均具有一定的概率分布特性。了解它们的特性对研究产品的可靠性有很大帮助。

3. 平均寿命（Mean Life）

平均寿命有两种情况：对于可修复的产品，它是指相邻两次故障之间的工作时间的平均值 MTBF（Mean Time Between Failure），又称为平均失效间隔时间，即平均无故障工作时间；对于不可修复的产品，它是指从开始使用到发生故障前的工作时间的平均值 MTTF（Mean Time To Failure），又称为平均失效前时间。

## （三）机械的可靠性设计

机械的可靠性设计是在满足产品功能、成本等要求的前提下，使产品可靠运行的设计过程。它是将概率统计理论、失效物理和机械学等结合起来的综合性工程技术。机械可靠性设计的主要特征是将常规的设计变量，如材料强度、疲劳寿命、载荷、几何尺寸及应力等所具有的多值现象都看成是服从某种分布的随机变量，并根据机械产品的可靠性指标要求，用概率统计方法设计出零部件的主要参数和结构尺寸。可靠性作为产品质量的主要指标之一，是随产品使用时间的延续而不断发生变化的。因此，可靠性设计的任务就是确定产品质量指标的变化规律，并在此基础上确定如何以最少的费用来保证产品应有的工作寿命和可靠度，建立最优的设计方案，实现所要求的产品可靠性水平。

机械可靠性设计的内容是从已知的目标可靠度出发，设计零部件和整机系统的有关参数及结构尺寸。它包括确定产品的可靠度、失效率（故障率）和平均无故障的工作时间（平均寿命）等。在上述指标确定的前提下，进行系统的可靠性设计，并根据指标的要求，进行零件的可靠性设计，以确定零件的尺寸、材料和其他技术要求等。

1. 可靠性预测

可靠性预测是一种预报方法，即从所得到的失效数据预报一个零部件或系统实际可能达到的可靠度，即预报这些零部件或系统在规定的条件下和在规定的时间内完成规定功能的概率。可靠性预测是可靠性设计的重要内容之一。其目的包括：协调设计参数及指标，以提高产品的可靠性；对比设计方案，以选择最佳系统；预示薄弱环节，采取改进措施。所谓可靠性预测是指根据系统的可靠性模型，用已知组成系统的各个独立单元的可靠度来计算系统的可靠性指标，从而预测出系统的可靠度。根据系统的可靠性模型，由单元的可靠度，通过计算即可预测出系统的可靠度。

2. 可靠性分配

可靠性分配就是将系统设计所要求达到的可靠性，合理地分配给各组成单元的一种方法，从而求出各单元应具有的可靠度。可靠性分配的目的在于合理地确定每个单元的可靠性指标，并将它作为元件设计和选用的重要依据，它比可靠性预测要复杂。

3. 可靠性试验

可靠性试验是为了定量评价产品的可靠性指标而进行的各种试验的总称。通过试验可以获得受试产品的可靠性指标，如平均寿命、可靠度、失效概率等，也可以验证产品是否达到设计要求。通过对试验样品的失效分析，可以揭示产品的薄弱环节及其原因，以制定相应的措施，达到提高可靠性的目的。因此，可靠性试验是研究产品可靠性的基本手段，也是预测产品可靠性的基础。

## 二、优化设计

### （一）优化设计的概念

在现代工程设计中，设计方案往往不是唯一的，从多个可行方案中寻找"尽可能好"的或"最佳化"方案的过程，称为"优化"设计。传统的设计过程是构思方案—评价—再构思—再评价的过程，这也是一种寻求优化的过程。但由于受到诸多客观条件的限制，这种设计过程只能得到"较好的可行解"，而无法得到设计的最佳解。为了得到最佳解，国外从 20 世纪 70 年代，国内从 20 世纪 80 年代初开始利用计算机辅助寻优，并出现了最优化设计这一高新技术。优化设计是以数学规划为理论基础，以计算机为工具，在充分考虑多种约束的前提下，寻求满足某项预定目标的最佳设计方案的过程。

工程设计上的"最优值"或"最佳值"是指在满足多种设计目标和约束条件下所获得的最令人满意、最适宜的值。优化设计技术是优化设计全过程中各种方法、技术的总称。它主要包含两部分内容，即优化设计问题的建模技术和优化设计问题的求解技术。如何将一个实际的设计问题抽象成一个优化设计的问题，并建立起符合实际设计要求的优化设计数学模型，这就是建模技术中要解决的问题。建立实际问题的优化数学模型，不仅需要熟悉、掌握优化设计方法的基本理论以及设计问题抽象和数学模型处理的基本技能，更重要的是要具有该设计领域的丰富的设计经验。

实际设计问题经抽象处理后建立起相应的优化设计数学模型，接下来的任务是求解数学模型。求解的方法有很多，早期的方法有试算法、表格法、图解法和一元函数极值理论等。由于这些方法的求解能力太弱，故几乎不能求解实际的优化设计问题。20世纪80年代以来，随着计算机技术的迅猛发展，一大批数学规划方法（优化设计方法）借助于计算机技术得以实现，并解决了许多实际的优化设计问题。

### （二）优化设计的数学模型

优化设计方法是一种规格化的设计方法，它首先要求将设计问题按优化设计所规定的格式建立数学模型，并选择合适的优化方法，然后再通过计算机的计算，自动获得最优设计方案。工程设计问题的优化，可以表达为优选一组参数，使其设计指标达到最佳值，且须满足一系列对参数选择的限制条件。这样的问题在数学上可以表述为，在以等式或不等式表示的约束条件下，求多变量函数的极小值或极大值问题。下面介绍优化设计中常用的几个基本术语。

1. 设计变量

在工程设计中，为了区别不同的设计方案，通常是用一组取值不同的参数来表示不同的方案。这些参数可以是表示构件的形状、大小和位置等的几何量，也可以是表示构件的质量、速度、加速度、力和力矩等的物理量。在构成一项设计方案的全部参数中，可能有一部分参数根据实际情况预先确定了数值，它们在优化设计过程中始终保持不变，这样的参数称为给定参数。另一部分参数则是需要优选的参数，它们的数值在优化设计过程中是变化的，这类参数称为设计变量。它们相当于数学上的独立自变量。

设计变量的数目越多，其设计空间的维数越高，能够组成的设计方案的数量也就越多，因而设计的自由度也就越大，从而也就增加了问题的复杂程度。一般来说，优化设计过程的计算量是随设计变量数目的增多而迅速增加的。因此，对于一个优化设计问题来说，应该恰当地确定设计变量的数目，并且原则上应尽量减少设计变量的数目，即尽可能把那些对设计指标影响不大的参数取作给定参数，只保留那些对设计指标影响显著的、比较活跃的参数作为设计变量，这样可以使优化设计的数学模型得到简化。

设计变量通常是有取值范围的，即：

$$a_i \leqslant x_i \leqslant b_i (i = 1, 2, \cdots, n) \qquad （2-2）$$

式中： $a_i$——设计变量 $x_i$ 的下界约束值；

$b_i$——设计变量 $x_i$ 的上界约束值。

2. 目标函数

每一个设计问题都有一个或多个设计中所追求的目标，它们可以用设计变量的函数来加以描述，在优化设计中称它们为目标函数。当给定一组设计变量值时，就可以计算出相应的目标函数值。因此，在优化设计中，就是利用目标函数值的大小来衡量设计方案的优劣的。优化设计的目的就是要求所选择的设计变量使目标函数达到最佳值。

在工程设计问题中，设计所追求的目标可能是各式各样的。当目标函数只包含一项设计指标极小化时，称它为单目标设计问题。当目标函数包含多项设计指标极小化时，就是所谓的多目标设计问题。单目标优化设计问题，由于其指标单一，故易于衡量设计方案的优劣，求解过程也比较简单明确。而多目标问题则比较复杂，多个指标往往构成矛盾，很难或者不可能同时达到极小值。

在优化设计中，正确建立目标函数是很重要的一步，它不仅直接影响到优化设计的质量，而且对整个优化计算的难易程度也会产生一定的影响。

3. 设计约束

优化设计不仅要使所选择方案的设计指标达到最佳值，同时还必须满足一些附加的条件，这些附加的设计条件都是对设计变量取值的限制，在优化设计中叫作设计约束。

它的表现形式有两种，一种是不等式约束，即：

$$g_m(x) \leqslant 0 \text{或} g_m(x) \geqslant 0, u = 1, 2, \cdots, m \tag{2-3}$$

另一种是等式约束，即：

$$h_v(x) = 0, v = 1, 2, \cdots, p < n \tag{2-4}$$

式中：$g_m(x), h_v(x)$ ——设计变量的函数，统称为约束函数；

$m, p$ ——不等式约束和等式约束的个数，而且等式约束的个数 $p$ 必须小于设计变量的个数 $n$。因为从理论上讲，存在一个等式约束就可以用它消去一个设计变量，这样便可降低优化设计问题的维数。

根据约束的性质不同，可以将设计约束分为区域约束和性能约束两类。所谓区域约束是直接限定设计变量取值范围的约束条件；而性能约束是由某些必须满足的设计性能要求推导出来的约束条件。在求解时，对这两类约束有时需要区别对待。在建立数学模型时，目标函数与约束函数不是绝对的。对于同一对象的优化设计问题（如齿轮传动优化设计），不同的设计要求（如要求质量最小或承载能力最大等）反映在数学模型上需要选择不同的目标函数和约束函数，并设定不同的约束边界值。

若优化数学模型中的函数均为设计变量的线性函数，则称为线性规划问题。若问题函数中包含非线性函数，则称为非线性规划问题。多数工程优化设计问题的数学模型都属于有约束的非线性规划问题。

4. 约束优化设计问题的最优解

优化设计就是求解 $n$ 个设计变量在满足约束条件下使目标函数达到最小值，即：

$$\min f(x) = f\left(x^*\right), x = \left[x^1, x^2, \cdots, x^m\right]^{\mathrm{T}} \in R$$
$$g_m(x) \leqslant 0, u = 1, 2, \cdots, m \qquad (2-5)$$

即

$$h_v(x) = 0, v = 1, 2, \cdots, p < n \qquad (2-6)$$

式中： $x^*$——最优点；

$f\left(x^*\right)$——最优值。

最优点 $x^*$ 和最优值 $f\left(x^*\right)$ 即构成了一个约束最优解。

## 三、快速响应设计

20 世纪末，世界经济最大的变化是全球买方市场的形成和产品更新换代速度的日益加快，根据对各个时期一些代表性产品更新速度与变化情况的分析可知，一种新产品从构思、设计、试制到商业性投产，在 19 世纪大约要经历 70 年的时间，在 20 世纪两次世界大战之间则缩短为 40 年，第二次世界大战之后至 20 世纪 60 年代更缩短为 20 年，到了 20 世纪 70 年代以后又进一步缩短为 5 ~ 10 年，而到现在，许多新产品的更新周期只需 2 ~ 3 年甚至更短的时间。这种态势必将导致市场竞争焦点的快速转移。在这种时代背景下，市场竞争的焦点就转移到速度上来，即凡能"领先一步"，快速提供更高的性价比产品的企业，将具有更强的竞争力。因此，实施"快速响应工程"以适应市场环境的变化和用户需求的转移是增强企业市场竞争力的有效途径。

### （一）快速响应工程

快速响应工程主要包括以下几方面的内容：

1. 建立快速捕捉市场动态需求信息的决策机制

为了提高快速响应的能力，企业首先应能迅速捕捉复杂多变的市场动态信息，并及时做出正确的预测和决策，以决定新产品的功能特征和上市时间。由于用户对现代机械产品的要求越来越高，产品的结构日益复杂，科技含量越来越高，所以产品的开发周期趋于延长。如何解决好产品市场寿命缩短和新产品开发周期延长的尖锐矛盾，已经成为决定企业兴衰成败的关键问题。

2. 实现产品的快速设计

产品开发周期包括设计、试制、试验和修改等一系列环节，在明确了新产品的开发项目以后，采用快速响应设计技术，实现快速设计是其非常重要的一环。在快速响应设计技术方面，人们提出了并行工程 CE、面向制造、装配、检验、质量、服务等的设计 DFX，计算机协同工作支持环境 CSCW 和功能分解组合的设计思想，这将引起对现代设计方法和 CAD 发展的新探索。

3. 追求新产品的快速试制定型

在产品开发周期的一系列环节中，除了设计以外的后几个环节可以统称为试制定型阶段。在此阶段加快产品的试制、试验和定型，以快速形成生产力，需要尽量利用 FMS、快速成型（Rapid Prototyping，RP）和虚拟制造（Virtual Manufacturing，VM）等制造自动化的各种新技术。快速成型技术能以最快的速度将 CAD 模型转换为产品原型或直接制造零件，从而使产品开发得以快速地进行测试、评价和改进，以完成设计定型，或快速形成精密铸件和模具等的批量生产能力；虚拟制造技术充分利用计算机和信息技术的最新成果，通过计算机仿真和多媒体技术全面模拟现实制造系统中的物流、信息流、能量流和资金流，可以做到在产品制出之前就能在虚拟环境中形成虚样品（Soft Prototype），以替代传统制造的实样品（Hard Prototype）进行试验和评价，从而大大缩短产品的开发周期。

4. 推行快速响应制造的生产体系

在快速响应工程中推行产品的快速响应制造，必然导致企业从组织形式到技术路线的一系列变革。

首先，在企业内部，应改变传统的以注重规模和成本为基础建立起来的生产管理系统和组织形式，并按照快速响应制造的战略思想，探索一套全新的组织生产方式，例如，将生产部门从以功能为基础的工序组合改变为以产品为对象的加工单元，并且尽量采用各种先进的制造技术手段等。

其次，从面向全局的视野出发，以产品为纽带，以效益为中心，不分企业内外与地域差异，实行动态联盟，有效地组织产品的设计、制造和营销。企业在确定产品目标后，可以先进行总体设计，即功能设计、方案设计和经济分析，然后通过公共信息网络，寻找最佳的零部件供应商和制造商，进行跨地区、跨行业的合作，实现生产资源的优化组合，并由承包商按照快速响应的原则进行具体设计，即结构设计、详细设计和工艺设计，并组织产品的快速响应制造，以保证产品及时上市，经由遍布各地的营销网络迅速抢占市场。

## （二）实现快速响应设计的关键

实现快速响应设计的关键是有效利用各种信息资源。人类自有文明以来，任何人工制品（产品）和产品的制造系统均由物质、能量和信息三大要素组成。步入21世纪之际，以信息技术为中心的科技革命浪潮汹涌澎湃，知识经济时代已悄然来临，这时，第三大要素——信息就逐渐成为主宰社会生活和生产活动的决定性因素。其主要体现在以下几方面：

首先，在许多现代化产品（尤其是信息产品和机电一体化产品）中，凝聚着信息（知识）的软件已经成为产品的重要组成部分，产品的智能化程度越高，这部分所占的比重就越大。

其次，在产品的制造过程中，需要使用各种信息，包括产品信息和制造信息两大类。所谓产品信息指的是为了正确设计产品和确切描述产品特征所需的信息，包括产品的几何形状、尺寸、精度、材质，以及各种规范和技术知识等；所谓制造信息指的是为了进行某一制造过程，以获得能满足预定要求的产品所需要的各种信息，包括工艺信息和管理信息。

最后，包含在产品中的间接信息。这指的是包含在产品硬件部分的材料（以及标准与外购零部件）中和制造过程所需的能源中的信息。例如一块钢材，作为另一制造过程的产品，从矿石到轧制成材，也需要使用一定的产品信息和制造信息。依此类推，归根结底，人类制造的一切制品都是由自然物（如矿藏、野生动植物、阳光、空气和水等）通过注入各种信息加上一定的能源消耗而制成的。由此可见，随着科技水平和深加工层次的提高，产品的信息含量也越来越高。所谓高科技产品，也就是高信息含量的产品。产品的信息含量越高，信息对产品的交货期、质量和成本的影响也就越大。毫无疑问，高信息产品就意味着高性能、高质量和高价值的产品。

信息同以实物呈现的硬件（材料、能源）相比，具有如下特点，即耗费能量极小、存储性能好（体积、质量小）、渗透力强（传播迅速）、处理方便（加工容易）等。其最大的优点就是共享性极佳。一项新的信息（如软件、知识、经验、资料），虽然需要投入相当的人力、资金，并经历一定的时间进行开发、制作，但是这项信息成果一经造出（获得），其复制（学习）却是极其便捷的，所以大量用户很快可以共享这一成果。

根据这些特点，利用现代计算机和通信技术提供的对信息的高度储存、传播和加工能力，并有效利用产品的信息资源，采取产品信息资源重用和虚拟制造过程以实现快速响应。

产品信息资源的重复使用是指企业在长期的生产活动中，积累和收藏了大量的极其宝贵的产品信息（图样、文件、数据、经验、标准、规范等），对这些信息进行充分挖掘和科学重组，使之资源化，成为有用和便于重复利用的产品信息资源，再将这些信息资源存储在庞大的数据库之中，加上在先期开发中所积累的信息资源，就足以有效地支持对市场的快速响应。重用产品信息资源，其要点是在新产品的设计、研制和制造过程中，尽量重用已有的信息资源（尤其是机电产品中的成熟零部件），对于那些确实必须新制作的产品信息（如新技术、新结构、新零部件），也尽量通过先期的开发活动加以创建。这样，自然能够实现快速响应，尤其是快速设计。

虚拟制造过程是指将有关产品制造过程的信息从实际制造过程中抽取出来，依靠计算机高速大规模的信息处理能力，实现用计算机试验（仿真）、虚拟制造和智能优化组成的一个相对独立的软过程，来代替传统的样机（模型）制作、实物试验、反复修正的硬过程，以达到在产品正式投产之前，就能通过在计算机上的试验、改进和优化，迅速完成对产品的性能预测和设计定型。显然，虚拟制造过程可以比现实制造过程做得更快捷、更灵便、更省钱。例如，计算机仿真无疑比实物试验简便得多。这是利用信息技术实现快速响应的一个范例，尤其对于产品设计定型来说，更具有实际意义。

# 第四节 机械制造装备设计的评价

工程设计具有多约束性、多目标性和相对性三个特点，其工作过程是分析、综合、评价和决策过程的反复运用，因此，评价在设计工作中具有重要的意义。评价不仅是为决策提供依据，也为发现问题、改善设计工作提供依据，所以，应该学习与掌握评价的原理与方法，以便建立正确的设计思想。评价的方法有很多种，结合机械制造装备设计的特点，其主要包括以下内容：技术经济评价、可靠性评价、人机工程学评价、结构工艺性评价、产品造型评价和标准化评价。

## 一、技术经济评价

我们设计的产品在技术上应具有先进性，在经济上应具有合理性。技术的先进性和经济的合理性往往是相互矛盾的。技术经济评价就是通过深入分析这两方面的问题，建立目标系统和确定评价标准，并对各设计方案的技术先进性和经济合理性进行评分，以给出综合的技术经济评价。技术经济评价的步骤大致分为以下几个阶段：

### （一）建立评价目标树和评价目标

对于技术系统来说，其实际评价目标通常不止一个，而是由它们组成了一个评价目标系统。为了保证评价目标建立的科学性，可采取将总目标逐层分解的方法，形成评价目标树，如图 2-3 所示。其中 Z 为总目标，Z1、Z2 为第一级子目标，Z11、Z12、Z13 为 Z1 的子目标，最后一级子目标为评价目标中的具体评价目标，又称评价标准。

评价目标或标准通常选择设计要求和约束条件中较重要的项目，一般不 6 ~ 10 项，项目过多会使评价工作过于复杂，且容易掩盖其主要影响因素。

在评价目标体系中，各评价目标的重要程度是不同的，因此应使用重要性系数（加权系数）以示区别。为了便于计算，每个评价目标的重要性系数均是小于 1 的数，但各目标重要性系数之和应等于 1。因此，各目标的重要性系数可根据目标树，用相对重要性系数相乘求出。如图 2-3 所示，每个评价目标圆圈内有两个数字，左边的数字表示隶属于同一上级目标的各子目标之间的相对重要性系数，其总和也应等于 1；右边数字表示本目标的重要性系数，其值等于它的相对重要性系数与相关各上级目标的相对重要性系数的乘积。

隶属于同一上级目标的各同级目标之间的相对重要性系数可采用经验法得出，即由设计人员或设计组共同商定，也可采用判别表计算法求出。

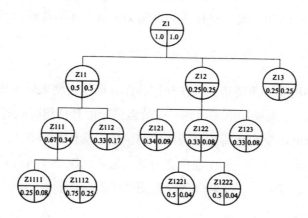

图 2-3 目标系统与重要性系数

## （二）确定各设计方案的评价分数

算出目标系统中每个评价标准（树叶）的重要性系数后，可按评价标准确定每一个设计方案的评价分数，评价分数可按 5 分制（0 ~ 4）或 10 分制（0 ~ 9）给出。评价分数的大小代表了技术方案的优劣程度。

## 二、人机工程学评价

产品设计应能满足其应具备的功能，也应该满足人机工程学方面的要求。人机工程学是研究人－机关系的一门科学，它把人和机作为一个系统，研究人机系统应该具有什么样的条件才能使人－机实现高度的协调性，人只须付出适宜的代价就能使系统取得最大的功效和安全性。

## （一）人的因素

在产品设计中，应该充分考虑与人体有关的问题，例如人体的静态与动态的形体尺寸参数、人体的操作力、人的视觉和听觉特性、人对信息的感知特性、人的反应及能力特性、人在劳动中的心理特征等，这样才能使设计的产品符合人的生理、心理特点，并具有一个安全、舒适、可靠和高效的工作环境。

### 1. 人体的静态尺寸

人体尺寸的静态测量属于传统的测量方法，用途很广。静态人体测量可采取不同的姿势，主要有立姿、坐姿、跪姿和卧姿等几种。这种测量是在被测量者处于静态的站立或坐着的姿势下进行的。

### 2. 人体的动态尺寸

人体的动态尺寸是指人在工作位置上的活动空间的尺度，其主要包括处于立姿时人的活动空间和坐姿时人的活动空间。每种活动空间又包括上体不动时的活动空间和上下体一起动时的活动空间。

### 3. 人体的操作力

人在操作和使用机器时需要用到一些操作动作。操作会使人体承受一定的负荷，这些负荷使人体的肌肉工作，当操作负荷达到一定的强烈程度和持续时间时，将导致人体疲劳。人体不同部位的肌肉可承受的负荷还与操作件的位置、动作方向有关，例如手向前伸时可使出的力比收回时要大，右手一般比左手有力等。通常情况下，操作应轻快、灵活，但也不能过于轻快，以致承受不起人体肢体的净重而产生误操作。

### 4. 人的视觉和听觉

人在操作机器时会通过感官接受外界信息，并由大脑进行分析和处理，做出反应，进而实现对机器的操纵和控制。设计产品时，应研究和分析人的感觉器官的感知能力和范围，以确定合适的人机界面。

## （二）机器的因素

设计机器产品时，产品自身的结构应能满足人机工程学的要求。

### 1. 信号显示装置设计

信号显示装置将机器的信息传递给人，人根据接收到的信息来了解和掌握机器的运行情况，从而操纵和控制机器。信号显示装置应根据人的生理和心理特征来设计，使人接收信息的速度快、可靠性高、误读率低，并能减轻精神紧张和身体疲劳的程度。

### 2. 操纵装置设计

设计操纵装置时应注意其形状、大小、位置、运动状态和操纵力大小等，并留出人的操纵位置，让操纵者有一个合适的姿势；应合理布置操作件的位置，确定操作运动的方向及合适的操作力大小。这些都应该符合生物力学和生理学的规律，以保证操纵时的舒适和方便。

3. 安全保障技术

安全保障技术包括系统本身的安全性和操作人员的安全性两方面。为保证系统本身的安全性，应自动设置安全工作区限，并设计互锁安全操作，工作环境条件的监测、监控，非正常工作状态的自动停机以及对操作失误的自动安全处理等。

4. 人体的舒适性和使用方便性

在操纵机器时为了达到使人体舒适的要求，不仅要合理地设计显示、操纵装置，还要充分考虑人与机器之间的相互关系和合理布局。

## （三）环境因素方面

环境因素方面需要评价的内容包括以下几点：

①作业空间，如场地、厂房、机器布局、作业线布置、道路及交通、安全门等。

②物理环境，包括照明、空气湿度、温度、气压、粉尘、辐射和噪声等。

③化学环境，包括有毒物质、化学性有害气体及水质污染等。

## （四）人机系统方面

人机系统方面需要评价的内容包括以下几点：

①产品系统中人的功能与其他各部分功能之间的联系和制约条件，以及人机之间功能的合理分配方法。

②系统中被控对象的状态信息的处理过程，人机控制链的优化。

③人机系统的可靠性和安全性。

④环境因素对劳动质量及生活质量的影响，提高作业舒适度和安全保障系统的 设计。

## 三、结构工艺性评价

结构工艺性评价的目的是降低生产成本、缩短生产时间和提高产品质量。结构工艺性应从加工、装配、维修和运输等方面来进行评价。

## （一）加工工艺性

应从产品结构的合理性和零件的加工工艺性两方面对产品的加工工艺性进行评价。

1. 产品结构的合理性

产品是由部件和零件组成的，我们可以把工艺性不太好的或尺寸较大的零件分解成多个工艺性较好的较小零件，以方便装配和运输。零件的形状简单，易于毛坯的生产和加工制造，便于维修，且多个零件可以平行投产，以缩短生产周期。但是这样做也有缺点，例如连接部分会增多，且连接表面需要一定的精度，从而增加了加工费用和装配费用等。

2. 零件的加工工艺性

零件的加工工艺性包括铸件类零件、模锻类零件、冷挤压件类零件、车削加工类零件、有钻孔加工类零件、铣削加工类零件、磨削加工类零件的加工工艺性等。

### （二）装配工艺性

产品装配的成本和质量取决于装配操作的种类与次数，装配操作的种类和次数又与产品的结构、零件机器结合部位的结构和生产类型有关。

1. 便于装配的产品结构

将产品合理地分解成部件、组件、零件等，可实现平行装配，以缩短装配周期，提高装配质量；在满足功能的前提下，应尽量减少零件、接合部位和接合表面的数量；装配时，尽可能采用统一的工具、统一的装配方法和方向；尽量使装配操作简化，减少装配的工序和工步的数目。

2. 便于装配的零件结合部位结构

采用黏结、卡接或一些特殊的连接方法代替螺纹连接，可减少连接元件的数量和装配的工作量。减少结合部位的数量、统一和简化结合部位的结构是提高装配工艺性的重要措施。

3. 便于装配的零件结构

零件结构应便于自动储存、识别、整理、夹取和移动，以提高装配的工艺性。

### （三）维修工艺性

维修工艺性的内容包括以下几点：

①平均修复时间短；

②维修所需元器件或零部件的互换性好并且便于购买；

③有宽敞的维修工作空间；

④维修工具、附件及辅助维修设备的数量和种类少；

⑤维修技术的复杂性低；

⑥维修人员的数量少；

⑦维修成本低；

⑧采用自动记录和状态监测维修等。

# 第三章 机械制造与工艺设备

现代化进程的不断加快在一定程度上促进了我国制造行业发展脚步，机械制造工艺和机械设备加工工艺也都得到了一定发展。为了能够保障我国机械制造行业长足发展，我们必须要进一步加强对机械制造工艺和设备加工技术进行研究。

# 第一节 热加工

## 一、铸造

熔炼金属，制造铸型，并将熔融金属浇入铸型，凝固后获得一定形状和性能铸件的成型方法，称为铸造。铸造是一门应用科学，广泛用于生产机器零件或毛坯，其实质是液态金属逐步冷却凝固而成型，具有以下优点：可以生产出形状复杂，特别是具有复杂内腔的零件毛坯，如各种箱体、床身、机架等。铸造生产的适应性广，工艺灵活性大。工业上常用的金属材料均可用来进行铸造，铸件的重量可由几克到几百吨，壁厚可由 0.5 毫米到 1 米。铸造用原材料大都来源广泛，价格低廉，并可直接利用废机件，故铸件成本较低。

随着铸造技术的发展，除了机器制造业外，在公共设施、生活用品、工艺美术和建筑等国民经济各个领域，也广泛采用各种铸件。

铸件的生产工艺方法大体分为砂型铸造和特种铸造两大类。

### （一）砂型铸造

在砂型铸造中，造型和造芯是最基本的工序。它们对铸件的质量、生产率和成本的影响很大。造型通常可分为手工造型和机器造型。手工造型是用手工或手动工具完成紧砂、起模、修型工序。其特点为：①操作灵活，可按铸件尺寸、形状、批量与现场生产条件灵活地选用具体的造型方法；②工艺适应性强；③生产准备周期短；④生产效率低；⑤质量稳定性差，铸件尺寸精度、表面质量较差；⑥对工人技术要求高，劳动强度大。

手工造型主要适用于单件、小批量铸件或难以用造型机械生产的形状复杂的大型铸件。

随着现代化大生产的发展，机器造型已代替了大部分的手工造型，机器造型不但生产率高，而且质量稳定，劳动强度低，是成批大量生产铸件的主要方法。机器造型的实质是采用机器完成全部操作，至少完成紧砂操作的造型方法，效率高，铸型和铸件质量高，但投资较大，适用于大量或成批生产的中小铸件。

在铸造生产中，一般根据产品的结构、技术要求、生产批量及生产条件进行工艺设计。铸造工艺设计包括选择浇铸位置和分型面、确定浇铸系统、确定型芯的形式等几个方面。

### （二）特种铸造

科学技术的发展和生产水平的提高，对铸件质量、劳动生产率、劳动条件和生产成本有了进一步的要求，因而铸造方法有了长足的发展。所谓特种铸造，是指有别于砂型铸造方法的其他铸造工艺。目前特种铸造方法已发展到几十种，常用的有熔模铸造、金属型铸造、离心铸造、压力铸造、低压铸造、陶瓷型铸造、实型铸造、磁型铸造、石墨型铸造、差压铸造、连续铸造、挤压铸造等。

特种铸造能获得如此迅速的发展，主要由于这些方法一般都能提高铸件的尺寸精度和表面质量，或提高铸件的物理及力学性能；此外，大多能提高金属的利用率（工艺出品率），减少原砂消耗量；有些方法更适宜于高熔点、低流动性、易氧化合金铸件的铸造；有的明显改善劳动条件，并便于实现机械化和自动化生产等。

铸造技术的发展趋势随着科学技术的进步和国民经济的发展，对铸造提出优质、低耗、高效、少污染的要求，铸造技术将向以下几方面发展：

1. 数字化、自动化技术的发展

随着汽车工业等大批大量制造的要求，各种新的造型方法（如高压造型、射压造型、气冲造型等）和制芯方法进一步开发和推广。当前，功能强大的现代 CAD / CAM 软件和数控机床等数字化成型与加工工具和设备的发展，为铸型的设计、制造提供了高效和高精度的铸型制造方法。

2. 特种铸造工艺的发展

随着现代工业对铸件的比强度、比刚度的要求增加，以及少无切削加工的发展，特种铸造工艺向大型铸件方向发展。铸造柔性加工系统逐步推广，逐步适应多品种少批量的产品升级换代的需求。复合铸造技术（如挤压铸造和熔模真空吸铸）和一些全新的工艺方法（如实型铸造工艺、超级合金等离子滴铸工艺等）逐步进入应用。

### 3. 特殊性能合金进入应用

球墨铸铁、合金钢、铝合金等高比强度、高比刚度的材料逐步进入应用。新型铸造功能材料如铸造复合材料、阻尼材料和具有特殊磁学、电学、热学性能的材料及耐辐射材料进入铸造成型领域。

### 4. 微电子技术进入使用

铸造生产的各个环节已开始使用微电子技术，如铸造工艺和模具的 CAD 及 CAM，凝固过程数值模拟，铸造过程自动检测、监测与控制，铸造工程 MIS，各种数据及专家系统，机器人的应用等。

## 二、焊接

焊接是现代制造技术中重要的金属连接技术。焊接成型技术的本质在于：利用加热或者同时加热加压的方法，使分离的金属零件形成原子间的结合，从而形成新的金属结构。

焊接的实质是使两个分离的物体通过加热或加压，或两者并用，在用或不用填充材料的条件下借助于原子间或分子间的联系与质点的扩散作用形成一个整体的过程。要使两个分离的物体形成永久性结合，首先必须使两个物体相互接近到 0.3 ~ 0.5 纳米的距离，使之达到原子间的力能够互相作用的程度，这对液体来说是很容易的。但对固体则需外部给予很大的能量才会使其接触表面之间达到原子间结合的距离，而实际金属由于固体硬度较高，无论其表面精度多高，实际上也只能是部分点接触，加之其表面还会有各种杂质，如氧化物、油脂、尘土及气体分子的吸附所形成的薄膜等，这些都是妨碍两个物体原子结合的因素。焊接技术就是采用加热、加压或两者并用的方法，来克服阻碍原子结合的因素，以达到二者永久牢固连接的目的。

### （一）焊接的优点

①接头的力学性能与使用性能良好。例如，120 万千瓦核电站锅炉，外径 6400 毫米，壁厚 200 毫米，高 13 000 毫米，耐压 17.5 兆帕。使用温度 350℃，接缝不能泄漏。应用焊接方法，制造出了满足上述要求的结构。某些零件的制造只能采用焊接的方法连接。例如电子产品中的芯片和印刷电路板之间的连接，要求导电并具有一定的强度，到目前为止，只能用钎焊连接。

②与铆接相比，采用焊接工艺制造的金属结构重量轻，节约原材料，制造周期短，成本低。

## （二）焊接存在的问题

焊接接头的组织和性能与母材相比会发生变化；容易产生焊接裂纹等缺陷；焊接后会产生残余应力与变形，这些都会影响焊接结构的质量。

## （三）焊接种类

根据焊接过程的特点，主要有熔化焊、压力焊、钎焊。

熔化焊是利用局部加热的手段，将工件的焊接处加热到熔化状态，形成熔池，然后冷却结晶，形成焊缝。熔化焊简称熔焊。

压力焊是在焊接过程中对工件加压（加热或不加热）完成焊接。压力焊简称压焊。

钎焊是利用熔点比母材低的填充金属熔化以后，填充接头间隙并与固态的母材相互扩散实现连接。

焊接广泛用于汽车、造船、飞机、锅炉、压力容器、建筑、电子等工业部门，世界上钢产量的 50% ~ 60% 要经过焊接才能最终投入使用。

## （四）焊接的方法

### 1. 手工电弧焊

手工电弧焊是利用手工操纵电焊条进行焊接的电弧焊方法。电弧导电时，产生大量的热量，同时发出强烈的弧光。手工电弧焊是利用电弧的热量熔化熔池和焊条的。

焊缝形成过程：焊接时，在电弧高热的作用下，被焊金属局部熔化，在电弧吹力作用下，被焊金属上形成了卵形的凹坑，这个凹坑称为熔池。

由于焊接时焊条倾斜，在电弧吹力作用下，熔池的金属被排向熔池后方，这样电弧就能不断地使深处的被焊金属熔化，达到一定的熔深。

焊条药皮熔化过程中会产生某种气体和液态熔渣。产生的气体充满电弧和熔池周围的空间，起到隔绝空气的作用。液态熔渣浮在液体金属表面，起保护液体金属的作用。此外，熔化的焊条金属向熔池过渡，不断填充焊缝。

熔池中的液态金属、液态熔渣和气体之间进行着复杂的物理、化学反应，称之为冶金反应，这种反应对焊缝的质量有较大的影响。

熔渣的凝固温度低于液态金属的结晶温度，冶金反应中产生的杂质与气体能从熔池金属中不断被排出。熔渣凝固后，均匀地覆盖在焊缝上。

焊缝的空间位置有平焊、横焊、立焊和仰焊。

焊条的组成与作用：焊条对手工电弧焊的冶金过程有极大的影响，是决定手工电弧焊焊接质量的主要因素。焊条的直径就是指焊芯的直径。结构钢焊条直径从 1.6 ~ 8 毫米，共分 8 种规格。焊条的长度是指焊芯的长度，一般均在 200 ~ 550 毫米之间。

在焊接技术发展的初期，电弧焊采用没有药皮的光焊丝焊接。在焊接过程中，电弧很不稳定。此外，空气中的氧气和氮气大量侵入熔池，将铁、碳、锰等氧化或氮化成各种氧化物和氮化物。溶入的气体又产生大量气孔，这些都使焊缝的力学性能大大降低。在 20 世纪 30 年代，发明了药皮焊条，解决了上述问题，使电弧焊大量应用于工业中。

药皮的主要作用是：药皮中的稳弧剂可以使电弧稳定燃烧，飞溅少，焊缝成型好。药皮中有造气剂，熔化时释放的气体可以隔离空气，保护电弧空间熔化后产生熔渣。熔渣覆盖在熔池上可以保护熔池。药皮中有脱氧剂（主要是锰铁、硅铁等）、合金剂。通过冶金反应，可以去除有害杂质；添加合金元素，可以改善焊缝的力学性能。碱性焊条中的萤石可以通过冶金反应去氢。

2. 其他焊接方法

（1）气焊与气割

气焊是利用气体火焰作为热源的焊接方法。常用氧 – 乙炔火焰作为热源。氧气和乙炔在焊炬中混合，点燃后加热焊丝和工件。气焊焊丝一般选用和母材相近的金属丝。焊接不锈钢、铸铁、铜合金、铝合金时，常使用焊剂去除焊接过程中产生的氧化物。

气割又称氧气切割，是广泛应用的下料方法。气割的原理是利用预热火焰将被切割的金属预热到燃点，再向此处喷射氧气流。被预热到燃点的金属在氧气流中燃烧形成金属氧化物。同时，这一燃烧过程放出大量的热量。这些热量将金属氧化物熔化为熔渣。熔渣被氧气流吹掉，形成切口。接着，燃烧热与预热火焰又进一步加热并切割其他金属。因此，气割实质上是金属在氧气中燃烧的过程。金属燃烧放出的热量在气割中具有重要的作用。

（2）二氧化碳气体保护焊

二氧化碳气体保护焊是以二氧化碳气体作为保护介质的气体保护焊方法。二氧化碳气体保护焊用焊丝做电极，焊丝是自动送进的。二氧化碳气体保护焊分为细丝二氧化碳气体保护焊（焊丝直径 0.5 ~ 1.2 毫米）和粗丝二氧化碳气体保护焊（焊丝直径 1.6 ~ 5.0 毫米）。细丝二氧化碳气体保护焊用得较多，主要用于焊接 0.8 ~ 4.0 毫米的薄板。此外，药芯焊丝的二氧化碳气体保护焊也日益广泛使用。其特点是焊丝是空心管状的，里面充满焊药，焊接时形成气 – 渣联合保护，可以获得更好的焊接质量。

利用二氧化碳气体作为保护介质，可以隔离空气。二氧化碳气体是一种氧化性气体，在焊接过程中会使焊缝金属氧化。故要采取脱氧措施，即在焊丝中加入脱氧剂，如硅、锰等。二氧化碳气体保护焊常用的焊丝是硅锰合金。

二氧化碳气体保护焊的主要优点是：生产率高，比手工电弧焊高 1 ~ 5 倍，且工作时连续焊接，不需要换焊条，不必敲渣；成本低，二氧化碳气体是很多工业部门的副产品，所以成本较低。

二氧化碳气体保护焊是一种重要的焊接方法，主要用于焊接低碳钢和低合金钢。在汽车工业和其他工业部门中广泛应用。

（3）电阻焊

在电阻焊时，电流在通过焊接接头时会产生接触电阻热。电阻焊是利用接触电阻热将接头加热到塑性或熔化状态，再通过电极施加压力，形成原子间结合的焊接方法。

（4）钎焊

钎焊时母材不熔化。钎焊时使用钎剂、钎料，将钎料加热到熔化状态，液态的钎料润湿母材，并通过毛细管作用填充到接头的间隙，进而与母材相互扩散，冷却后形成接头。

钎焊接头的形式一般采用搭接，以便于钎料的流布。钎料放在焊接的间隙内或接头附近。

钎剂的作用是去除母材和钎料表面的氧化膜，覆盖在母材和钎料的表面，隔绝空气，具有保护作用。钎剂同时可以改善液体钎料对母材的润湿性能。

焊接电子零件时，钎料是焊锡，钎剂是松香，钎焊是连接电子零件的重要焊接工艺。

钎焊可分为两大类：硬钎焊与软钎焊。硬钎焊的特点是所用钎料的熔化温度高于 450 ℃，接头的强度大。用于受力较大、工作温度较高的场合。所用的钎料多为铜基、银基等。钎料熔化温度低于 450 ℃ 的钎焊是软钎焊。软钎焊常用锡铅钎料，适用于受力不大、工作温度较低的场合。

钎焊的特点是接头光洁、气密性好。因为焊接的温度低，所以母材的组织性能变化不大。钎焊可以连接不同的材料。钎焊接头的强度和耐高温能力比其他焊接方法差。

钎焊广泛用于硬质合金刀头的焊接以及电子工业、电机、航空航天等工业。

## （五）焊接新技术（焊接机器人）

近年来各国所安装的工业机器人中，大约一半是焊接机器人。焊接机器人大量使用在汽车制造等领域，适用于弧焊、点焊和切割。焊接机器人常安装在自动生产线上，或和自动上下料装置及自动夹具一起组成焊接工作站。工业机器人大量应用于焊接生产不是偶然的事情，这是由焊接工艺的必然要求所决定的。无论是电弧焊还是电阻焊，在由人工进行操作的时候，都要求焊枪或焊钳在空间保持一定的角度。随着焊枪或焊钳的移动，这个角度不断地由操作者人为地进行调整。也就是说，焊接时焊枪或焊钳不仅需要有位置的移动，同时应该有"姿态"的控制。满足这种要求的自动焊机就是焊接机器人。焊接机器人的应用，可以提高焊接质量，改善工人的工作条件，是焊接自动化的重大进展。

## 三、锻造

在冲击力或静压力的作用下，使热锭或热坯产生局部或全部的塑性变形，获得所需形状、尺寸和性能的锻件的加工方法称为锻造。

锻造一般是将轧制圆钢、方钢（中、小锻件）或钢锭（大锻件）加热到高温状态后进行加工。锻造能够改善铸态组织、铸造缺陷（缩孔、气孔等），使锻件组织紧密、晶粒细化、成分均匀，从而显著提高金属的力学性能。因此，锻造主要用于那些承受重载、冲击载荷、交变载荷的重要机械零件或毛坯，如各种机床的主轴和齿轮，汽车发动机的曲轴和连杆，起重机吊钩及各种刀具、模具等。

锻造分为自由锻造、模型锻造及胎模锻。

### （一）自由锻造

只采用通用工具或直接在锻造设备的上、下砧铁间使坯料变形获得锻件的方法称为自由锻。自由锻的原材料可以是轧材（中小型锻件）或钢锭（大型锻件）。自由锻工艺灵活、工具简单，主要适合于各种锻件的单件小批生产，也是特大型锻件的唯一生产方法。

自由锻的设备有锻锤和液压机两大类。锻锤是以冲击力使坯料变形的，设备规格以落下部分的重量来表示。常用的有空气锤和蒸汽－空气锤。空气锤的吨位较小，一般只有500～10 000牛，用于锻100千克以下的锻件；蒸汽－空气锤的吨位较大，可达10～50千牛，可锻1500千克以下的锻件。

液压机是以液体产生的静压力使坯料变形的，设备规格以最大压力来表示。常用的有油压机和水压机。水压机的压力大，可达5000～15 000千牛，是锻造大型锻件的主要设备。

镦粗是使坯料的整体或一部分高度减小、断面积增大的工序。拔长是减小坯料截面积、增加其长度的工序。冲孔是在实心坯料上冲出通孔或不通孔的工序。

### （二）模型锻造

模型锻造简称为模锻，是将加热到锻造温度的金属坯料放到固定在模锻设备上的锻模模膛内，使坯料受压变形，从而获得锻件的方法。

与自由锻和胎模锻相比，模锻可以锻制形状较为复杂的锻件，且锻件的形状和尺寸较准确，表面质量好，材料利用率和生产效率高。但模段须采用专用的模锻设备和锻模，投资大，前期准备时间长，并且由于受三向压应力变形，变形抗力大，故而模锻只适用于中小型锻件的大批量生产。

生产中常用的模锻设备有模锻锤、热模锻压力机、摩擦压力机、平锻机等。其中尤其是模锻锤工艺适应性广，可生产各种类型的模锻件，设备费用也相对较低，长期以来一直是我国模锻生产中应用最多的一种模锻设备。

锤模锻是在自由锻和胎模锻的基础上发展起来的，其所用的锻模是由带有燕尾的上模和下模组成的。下模固定在模座上，上模固定在锤头上，并与锤头一起做上下往复的锤击运动。

根据锻件的形状和模锻工艺的安排，上、下模中都设有一定形状的凹腔，称为模膛。模膛根据功用分为制坯模膛和模锻模膛两大类。

制坯模膛主要作用是按照锻件形状合理分配坯料体积，使坯料形状基本接近锻件形状。制坯模膛分为拔长模膛、弯曲模膛、成型模膛、镦粗台及压扁面等。

模锻模膛又分为预锻模膛和终锻模膛两种。预锻模膛的作用是使坯料变形到接近于锻件的形状和尺寸，以便在终锻成型时金属充型更加容易，同时减少终锻模膛的磨损，延长锻模的使用寿命。预锻模膛的圆角、模锻斜度均比终锻模膛大，而且不设飞边槽。终锻模膛的作用是使坯料变形到热锻件所要求的形状和尺寸，待冷却收缩后即达到冷锻件的形状和尺寸。终锻模膛的分模面上有一圈飞边槽，用以增加金属从模膛中流出的阻力，促使金属充满模膛，同时容纳多余的金属。模锻件的飞边要在模锻后切除。

实际锻造时应根据锻件的复杂程度相应选用单模膛锻模或多模膛锻模。一般形状简单的锻件采用仅有终锻模膛的单模膛锻模，而形状复杂的锻件（如截面不均匀、轴线弯曲、不对称等）则要采用具有制坯、预锻、终锻等多个模膛的锻模逐步成型。

### （三）胎模锻

胎模锻是在自由锻设备上使用可移动的简单模具生产锻件的一种锻造方法。胎模锻造一般先采用自由锻制坯，然后在胎模中终锻成型。锻件的形状和尺寸主要靠胎模的型槽来保证。胎模不固定在设备上，锻造时用工具夹持着进行锻打。

与自由锻相比，胎模锻生产效率高，锻件加工余量小，精度高；与模锻相比，胎模制造简单，使用方便，成本较低，又不需要昂贵的设备。因此胎模锻曾广泛用于中小型锻件的中小批量生产。但胎模锻劳动强度大，辅助操作多，模具寿命低，在现代工业中已逐渐被模锻所取代。

# 第二节 冷加工

## 一、切削加工

### （一）切削加工的分类

切削加工是利用切削工具从工件上切去多余材料的加工方法。通过切削加工，使工件变成符合图样规定的形状、尺寸和表面粗糙度等方面要求的零件。切削加工分为机械加工和钳工加工两大类。

机械加工（简称机工）是利用机械力对各种工件进行加工的方法，它一般是通过工人操纵机床设备进行加工的，其方法有车削、钻削、镗削、铣削、刨削、拉削、磨削、研磨、超精加工和抛光等。

钳工加工（简称钳工）是指一般在钳台上以手工工具为主，对工件进行加工的各种加工方法。钳工的工作内容一般包括画线、锯削、锉削、刮削、研磨、钻孔、扩孔、铰孔、攻螺纹、套螺纹、机械装配和设备修理等。

对于有些工作，机械加工和钳工加工并没有明显的界限，例如钻孔和铰孔，攻螺纹和套螺纹，二者均可进行。随着加工技术的发展和自动化程度的提高，目前钳工加工的部分工作已被机械加工所替代，机械装配也在一定范围内不同程度地实现机械化和自动化，而且这种替代现象将会越来越多。尽管如此，钳工加工永远也不会被机械加工完全替代，将永远是切削加工中不可缺少的一部分。这是因为，在某些情况下，钳工加工不仅比机械加工灵活、经济、方便，而且更容易保证产品的质量。

### （二）切削加工的特点和作用

①切削加工的精度和表面粗糙度的范围广泛，且可获得高的加工精度和低的表面粗糙度。

②切削加工零件的材料、形状、尺寸和重量的范围较大。切削加工多用于金属材料的加工，如各种碳钢、合金钢、铸铁、有色金属及其合金等，也可用于某些非金属材料的加工，如石材、木材、塑料和橡胶等；对于零件的形状和尺寸一般不受限制，只要能在机床上实现装夹，大都可进行切削加工，且可加工常见的各种型面，如外圆、内圆、锥面、平

面、螺纹、齿形及空间曲面等。切削加工零件重量的范围很大，重的可达数百吨。

③切削加工的生产率较高。在常规条件下，切削加工的生产率一般高于其他加工方法。只是在少数特殊场合，其生产率低于精密铸造、精密锻造和粉末冶金等方法。

④切削过程中存在切削力，刀具和工件均要具有一定的强度和刚度，且刀具材料的硬度必须大于工件材料的硬度。因此，限制了切削加工在细微结构与高硬高强等特殊材料加工方面的应用，从而给特种加工留下了生存和发展的空间。

正是因为上述特点和生产批量等因素的制约，在现代机械制造中，目前除少数采用精密铸造、精密锻造以及粉末冶金和工程塑料压制成型等方法直接获得零件外，绝大多数机械零件要靠切削加工成型。

### （三）切削加工的发展方向

随着科学技术和现代工业日新月异的飞速发展，切削加工也正朝着高精度、高效率、自动化、柔性化和智能化方向发展。主要体现在以下三方面：加工设备朝着数字化、精密和超精密化以及高速和超高速方向发展，目前，普通加工、精密加工和高精度加工的精度已经达到了 1 微米、0.01 微米和 0.001 微米（毫微米，即纳米），正向原子级加工逼近；刀具材料朝超硬刀具材料方向发展；生产规模由目前的小批量和单品种大批量向多品种变批量的方向发展，生产方式由目前的手工操作、机械化、单机自动化、刚性流水线自动化向柔性自动化和智能自动化方向发展。

21 世纪的切削加工技术与计算机、自动化、系统论、控制论及人工智能、计算机辅助设计与制造、计算机集成制造系统等高新技术及理论融合更加密切，出现了很多新的先进制造技术，切削加工正向着高精度、高速度、高效自动化、柔性化和智能化等方向发展，并由此推动了其他各新兴学科和经济的高速发展。

1. 车削

车削加工是机械零件加工中最常用的一种加工方法。它是利用车刀在车床上完成加工，加工时，工件旋转，车刀在平面内做直线或曲线移动。

车削主要用来加工工件的内外圆柱面、端面、锥面、螺纹、成型回转表面和滚花等。

2. 铣削

铣削加工就是用旋转的铣刀作为刀具的切削加工。洗削一般在卧式铣床（简称卧铣）、立式铣床（简称立铣）、龙门铣床、工具铣床以及各种专用铣床上或镗床上进行。

铣削可加工平面（按加工时所处位置又分为水平面、垂直面、斜面）、沟槽（包括直角槽、键槽、V 形槽、燕尾槽、T 形槽、圆弧槽、螺旋槽）和成型面等，还可进行孔加工（包括钻孔、扩孔、铰孔、铣孔）和分度工作，下图所示为各种铣削加工及其所采用的铁刀。

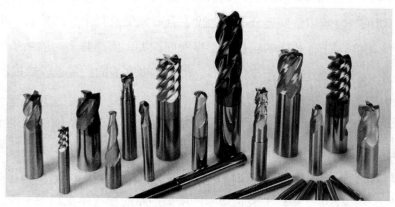

图 3-1 各种铣削加工及其所采用的铁刀

铣平面是平面加工的主要方法之一，有端铣、周铣和二者兼有三种方式，所用刀具有镶齿端铣刀、套式立铣刀、圆柱铣刀、三面刃铁刀和立铣刀等。镶齿端铣刀生产率高，应用很广泛，主要用于加工大平面。套式立铣刀生产率较低，用于铣削各种中小平面和台阶面。圆柱铣刀用于卧铣铣削中小平面。三面刃用于卧铣铣削小型台阶面和四方、六方螺钉头等小平面。立铣刀多用于铣削中小平面。

3. 磨削

利用高速旋转的砂轮等磨具，加工工件表面的切削加工称为磨削加工。磨削加工一般在磨床上进行。

磨削用于加工各种工件的圆柱面、圆锥面和平面，以及螺纹、齿轮和花键等特殊、复杂的成型表面。由于磨粒的硬度很高，磨具具有自锐性，磨削可以加工各种材料。磨削的功率比一般的切削大，而金属切除率比一般的切削小，故在磨削之前工件通常都先经过其他切削方法去除大部分加工余量，仅留 0.1 ~ 1.0 毫米或更小的磨削余量。

常用的磨削形式有外圆磨削、内圆磨削、平面磨削和无心磨削等。

（1）外圆磨削

外圆磨削主要在普通外圆磨床和万能外圆磨床上进行，具体方法有纵磨法和横磨法两种。采用纵磨法磨削时，工件宽度大于砂轮宽度，工件做纵向往复运动，而横磨法磨削时，工件宽度小于砂轮宽度，工件不做纵向移动。两种方法相比，纵磨法加工精度较高，但生产率较低；横磨法生产率较高，但加工精度较低。因此，纵磨法广泛用于各种类型的生产中，而横磨法只适用于大批量生产中磨削刚度较好、精度较低、长度较短的轴类零件上的外圆表面和成型面。

（2）内圆磨削

内圆磨削主要在内圆磨床和万能外圆磨床上进行。与外圆磨削相比，由于磨内圆砂轮受孔径限制，切削速度难以达到磨外圆的速度，且砂轮轴直径小、悬伸长、刚度差、易弯曲变形和振动，砂轮与工件成内切圆接触，接触面积大，磨削热多，散热条件差，表面易烧伤。因此，磨内圆比磨外圆生产率低得多，加工精度和表面质量也较难控制。

（3）平面磨削

磨平面在平面磨床上进行，其方法有周磨法和端磨法两种。周磨法就是用砂轮外圆表面磨削的方法，而端磨法就是用砂轮端面磨削的方法。周磨法加工精度高，表面粗糙度值小，但生产率较低，多用于单件小批生产中，大批量生产中亦可采用。端磨法生产率较高，但加工质量略差于周磨法，多用于大批量生产中磨削精度要求不太高的平面。磨平面常作为铣平面或刨平面后的精加工，特别适宜磨削具有相互平行平面的零件。此外，还可磨削导轨平面。机床导轨多是几个平面的组合，在成批大量生产中，常在专用的导轨磨床上对导轨面做最后的精加工。

（4）无心磨削

无心磨削一般在无心磨床上进行，用以磨削工件外圆。如图 3-1 所示。磨削时，工件 2 不用顶尖定心和支撑，而是放在砂轮 1 与导轨之间，由其下方的托板 4 支撑，并由导轮 3 带动旋转。无心磨削也有纵磨法和横磨法两种。当导轮轴线与砂轮轴线调整成斜交 1° 至 6° 时，工件能边旋转边自动沿轴向做纵向进给运动，称为无心纵磨法。无心纵磨法主要用于大批量生产细长光滑轴及销钉等零件的外圆磨削。当导轮的轴线与砂轮轴线平行，工件不做轴向移动，称之为无心横磨法。无心横磨法主要用于磨削带台肩而又较短的外圆、锥面和成型面等。

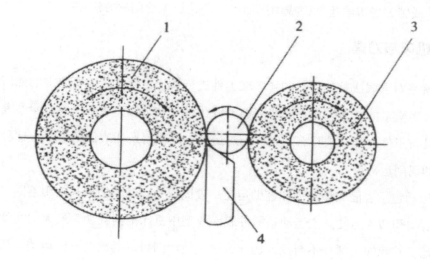

图 3-1 无心磨削

4. 钻削

用钻头或铰刀、锪刀在工件上加工孔的方法统称钻削加工。主要用来进行钻孔、扩孔、铰孔、锪孔、钻中心孔、攻丝等加工。

（1）钻孔

用钻头在实体材料上加工孔的方法称为钻孔。钻孔是常用的孔加工方法之一。属于粗加工，麻花钻是钻孔最常用的刀具。

（2）扩孔

用扩孔刀具扩大工件孔径的方法称为扩孔。扩孔所用机床与钻孔相同。可用扩孔钻扩孔，也可用直径较大的麻花钻扩孔。常用的扩孔钻的直径规格为 15 ~ 50 毫米。

（3）铰孔

用铰刀在工件孔壁上切除微量金属层，以提高尺寸精度和降低表面粗糙区的方法称为铰孔。铰孔所用机床与钻孔相同。铰孔可加工圆柱孔和圆锥孔，可以在机床上进行（机铰），也可以手工进行（手铰）。铰孔属于定径刀具加工，适宜加工中批或大批量生产中不宜拉削的孔。

（4）锪孔

用锪钻（或代用刀具）加工平底和锥面沉孔的方法称为锪孔。锪孔一般在钻床上进行，虽不如钻、扩、铰应用那么广泛，但也是一种不可缺少的加工方法。

（5）镗削

镗削加工是利用镗刀在镗床上完成的加工。在镗削加工时，镗床主轴带动镗刀做旋转运动，工件或镗刀做进给运动完成切削加工，是孔加工常用的方法之一。

## 二、机床与刀具

机床就是对金属或其他材料的坯料或工件进行加工，使之获得所要求的几何形状、尺寸精度和表面质量的机器。要完成切削加工，在机床上必须完成所需要的零件表面成型运动，即刀具与工件之间必须具有一定的相对运动，以获得所需表面的形状，这种相对运动称为机床的切削运动。

机床运动包括表面成型运动和辅助运动。表面成型运动，根据其功用不同可分为主运动、进给运动和切入运动。主运动是零件表面成型中机床上消耗功率最大的切削运动。进给运动是把工件待加工部分不断投入切削区域，使切削得以继续进行的运动。切入运动是使刀具切入工件表面一定深度的运动。辅助运动主要包括工件的快速趋近和退出快移运动、机床部件位置的调整、工件分度、刀架转位、送夹料等等。普通机床的主运动一般只有一个。与进给运动相比，它的速度高，消耗机床功率多。进给运动可以是一个或多个。

### （一）车床及车刀

车床是机械制造中使用最广泛的一类机床，在金属切削机床中所占的比重最大，占机床总台数的 20% ~ 30%。车床用于加工各种回转表面，如内、外圆柱表面，圆锥面及成型回转表面等，有些车床还能加工螺纹面。

车床的种类很多，按其用途和结构不同，可分为卧式车床、转塔车床、立式车床、单轴和多轴自动车床、仿形车床、多刀车床、数控车床和车削中心、各种专门化车床（如铲齿车床、凸轮轴车床、曲轴车床及轧辊车床）等。

### （二）铣床与铣刀

铣床是用铣刀进行铣削加工的机床。铣床的主运动是铣刀的旋转运动，而工件做进给运动。铣床的种类很多，按其用途和结构不同，铣床分为卧式铣床、立式铣床、万能铣床、龙门铣床、工具铣床以及各种专用铣床。

铣刀是一种多齿刀具，可用于加工平面、台阶、沟槽及成型表面等。铣削加工时，同时切削的刀齿数多，参加切削的刀刃总长度长，所以生产效率高。铣刀是使用量较大的一种金属切削刀具，其使用量仅次于车刀及钻头。铣刀品种规格繁多，种类各式各样，如下图所示。

图 3-3 各类铣刀

（三）磨床与砂轮

用磨料或磨具作为切削刀具对工件表面进行磨削加工的机床，称为磨床。磨床是各类金属切削机床中品种最多的一类，主要有外圆、内圆、平面、无芯、工具磨床和各种专门化磨床等。磨床的应用范围很广，凡在车床、铣床、镗床、钻床、齿轮和螺纹加工机床上加工的各种零件表面，都可在磨床上进行磨削精加工。

砂轮是磨床所用的主要加工刀具，砂轮磨粒的硬度很高，就像一把锋利的尖刀，切削时起着刀具的作用，在砂轮高速旋转时，其表面上无数锋利的磨粒，就如同多刃刀具，将工件上一层薄薄的金属切除，从而形成光洁精确的加工表面。

砂轮是由结合剂将磨料颗粒黏结而成的多孔体，由磨料、结合剂、气孔三部分组成。磨料起切削作用，结合剂把磨料结合起来，使之具有一定的形状、硬度和强度。由于结合剂没有填满磨料之间的全部空间，因而有气孔存在。

砂轮的组织表示磨粒、结合剂和气孔三者体积的比例关系。磨粒在砂轮体积中所占比例越大，砂轮的组织越紧密，气孔越小；反之，组织疏松。砂轮磨粒占的比例越小，气孔就越大，砂轮越不易被切屑堵塞，切削液和空气也易进入磨削区，使磨削区温度降低，工件因发热而引起的变形和烧伤减小。但砂轮易失去正确廓形，降低成型表面的磨削精度，增大表面粗糙度。

随着科学技术的不断发展，近年来出现了多种新磨料，使高速磨削和强力磨削工艺得到迅速发展，提高了磨削效率并促进了新型磨床的产生。同时，磨削加工范围不断扩大，如精密铸造和精密锻造工件可直接磨削成成品。

# 第三节 特种加工

## 一、特种加工概述

在长期的生产实践中，人们发现一直占据统治地位的切削加工存在着明显的弱点。例如当材料的硬度过高，零件的精度要求过高，零件的结构过于复杂或零件的刚度较差时，传统的切削加工就显得难以适应。为此，人们不断探索新的加工方法，陆续发明了一系列新的非常规加工方法，从而开创了特种加工的广阔领域。特种加工就是直接利用电能、热能、光能、声能、化学能和电化学能，有时也结合机械能对工件进行的加工。

### （一）特种加工的主要优点

①工具材料的硬度可以大大低于被加工工件材料的硬度。

②可直接利用电能、电化学能、声能或光能等能量对材料进行加工。

③加工过程中的机械力不明显。

④各种加工方法可以有选择地复合成新的加工方法，使生产效率成倍地增长，加工精度也相应提高。

⑤几乎每产生一种新的能源，就有可能导致一种新的特种加工方法的产生。

### （二）采用特种加工方法可以解决的工艺难题

①解决各种难切削材料的加工问题，如耐热钢、不锈钢、钛合金、淬火钢、硬质合金、陶瓷、宝石、金刚石以及锗和硅等各种高强度、高硬度、高韧性、高脆性以及高纯度的金属和非金属材料的加工。

②解决各种复杂零件表面的加工问题，如各种热锻模、冲裁模和冷拔模的模腔和型孔、整体涡轮、喷气涡轮机叶片、炮管内腔线以及喷油嘴和喷丝头的微小异形孔的加工。

③解决各种精密的、有特殊要求的零件加工问题，如航空航天、国防工业中表面质量和精度要求都很高的陀螺仪、伺服阀以及低刚度的细长轴、薄壁筒和弹性元件等的加工。

### （三）特种加工给机械制造工艺技术带来的主要影响

特种加工自问世以来，由于其突出的工艺特点和日益广泛的应用，逐步深化了人们对制造工艺技术的认识，同时也引起了制造工艺技术的一系列变革。

①改变了对材料可加工性的认识。对切削加工而言，淬火钢、硬质合金、陶瓷、立方氮化硼和金刚石一直被认为是难切削材料。而自从有了特种加工技术，淬火钢和硬质合金，采用电火花成型加工和电火花线切割加工已不再是难事；现在广泛使用的由陶瓷、立方氮化硼和人造聚晶金刚石制成的刀具和工具（拉丝模）等，也都可以采用电火花、电解、超声波和激光等多种方法进行加工。这样，材料的可加工性就不再仅仅以材料的强度、硬度、韧性和脆性等来进行衡量，而是与所选择的加工方法有关。

②重新衡量设计结构工艺性的优劣问题。在传统的结构设计中，常认为方孔、小孔、弯孔和窄缝的结构工艺性很差，而对特种加工来说，利用电火花穿孔和电火花线切割加工孔时，方孔和圆孔在加工难度上是没有差别的。有了高速电火花小孔加工专用机床后，各种导电材料的小孔加工也变得更为容易。喷丝头上的各种异形孔由以往的不能加工变为可以加工。过去因一时疏忽在淬火前没有钻的定位销孔以及没有铣的槽，淬火后因难于切削加工只能报废，现在可用电加工方法予以补救。过去攻螺纹因无法取出孔内折断的丝锥，而使工件报废的现象也已不复存在。有了特种加工，设计和工艺人员在设计零件结构，安排工艺过程时有了更大的灵活性和选择余地。

③给零件的结构设计带来了重大变革。例如喷气发动机的叶轮由于形状复杂，过去只能在做好一个个的叶片后组装而成，而有了电解加工后，设计人员就可以设计整体涡轮了。又如山形硅钢片冲模，结构复杂，不易制造，往往采用拼镶结构，而有了电火花线切割后，就可以设计成整体结构。

④可以进一步优化零件的加工工艺过程。按传统切削加工方法考虑，所有切削加工方法除磨削外，一般都需要安排在淬火工序之前。按照常规，这是工艺人员必须遵循的工艺准则之一。但是采用特种加工方法后，工艺人员可以先安排淬火再加工孔槽，如采用电火花成型加工、电火花线切割加工或电解加工的零件常先安排淬火再进行加工，这已成为比较典型的工艺过程。

总之，各种特种加工方法不仅给设计师提供了更广阔的结构设计的新天地，而且给工艺师提供了解决各种工艺难题的新手段，有力地促进了我国的科技发展和技术进步。随着我国国民经济和科学技术飞速发展的需要，特种加工技术将取得更加辉煌的成就。

## 二、电火花加工

电器开关在合上或拉开时，有可能因局部放电使开关的接触部位烧蚀，这种现象称为电蚀。电火花加工正是在一定的液体介质中，利用脉冲放电对导电材料的电蚀现象来蚀除材料，从而使零件的尺寸、形状和表面质量达到预定技术要求的一种加工方法。在特种加工中，电火花加工的应用最为广泛。

### （一）电火花加工类型

电火花加工方法按其加工方式和用途不同，大致可分为电火花成型加工、电火花线切割加工、电火花磨削和镗磨加工、电火花同步回转加工、电火花表面强化与刻字五大类，其中又以电火花穿孔成型加工和电火花线切割加工的应用最为广泛。

### （二）电火花加工优点

①由于电火花加工是利用极间火花放电时所产生的电腐蚀现象，靠高温熔化和气化金属进行蚀除加工的，因此，可以使用较软的紫铜等工具电极，对任何导电的难加工材料进行加工，达到以柔克刚的效果。如加工硬质合金、耐热合金、淬火钢、不锈钢、金属陶瓷、磁钢等用普通加工方法难以加工或无法加工的材料。

②由于电火花加工是一种非接触式加工，加工时不产生切削力，不受工具和工件刚度的限制，因而有利于实现微细加工。如对薄壁、深小孔、盲孔、窄缝及弹性零件等的加工。

③由于电火花加工中不需要复杂的切削运动，因此，有利于异形曲面零件的表面加工。而且由于工具电极的材料可以较软，因而工具电极较易制造。

④尽管利用电火花加工方法加工工件时，放电温度较高，但因放电时间极短，所以加工表面不会产生厚的热影响层，因而适于加工热敏感性很强的材料。

⑤电火花加工时，脉冲电源的电脉冲参数调节及工具电极的自动进给等，均可通过一定措施实现自动化。这使得电火花加工与微电子、计算机等高新技术的互相渗透与交叉成为可能。目前，自适应控制、模糊逻辑控制的电火花加工已经开始应用。但是电火花加工也有缺点：在电火花加工时，工具电极的损耗会影响加工精度。

# 第四节 机械制造中的测量与检验技术

精密制造首先立足于精密测量。测量是以确定量值为目的的一组操作，通过将被测参数的量值与作为单位的标准量进行比较，比出的倍数即为测量结果。与测量概念相近的是检验，它常常仅须分辨出参数量值所列属的某一范围，以此来判别被测参数合格与否或现象的有无等。机械加工的零件、生产的机器和产品都需要经过检验或测量，以判定其是否合格。

检测是意义更为广泛的测量。检测不仅包含了上述两种内容，此外，对被测控对象有用信息的信号的检出，也是检测极为重要的内容。具体到工程检测技术，它的任务不仅是对成品或半成品的检验和测量（如热工参数、几何参数、表面质量、内部缺陷、探伤、泄漏检查、成分分析等），还必须借助检测手段随时掌握成品或半成品质量的好坏程度。为此，就要求随时检查、测量这些参数的大小、变化等情况。因而，工程检测技术就是对生产过程和运动对象实施定性检查和定量测量的技术。

## 一、常用的计量工具

量具的使用广泛存在于各行各业及现实生活中，所以提到量具，人们并不感到陌生。然而本文所讲述的量具，既不是日常生活中使用的普通量具，也不是包罗一切的所有量具，它是指目前我国机械制造工业中普遍使用的测量工具。

在机械制造工业中，我们会经常用光长度基准直接对零件尺寸进行测量，其准确度固然高，但在广泛的测量中，直接用光进行测量十分不便。为了满足实际测量的需要，长度基准必须通过各级传递，最后由量具生产厂家制造出工作量具。这些工作量具就是实际生产中人们常说的"量具"。正是由于零件尺寸是由国家基准逐级传递下来的，所以全国范围内尺寸的一致性就有了可靠的保证。

### （一）游标卡尺

游标卡尺是机械加工中广泛应用的常用量具之一，它可以直接测量出各种工件的内径、外径、中心距、宽度、长度和深度等。它是利用游标原理，对两测量爪相对移动分隔的距离进行读数的通用长度测量工具。它的结构简单，使用方便，是一种中等精确度的量具。

## (二) 千分尺

千分尺也是机械加工中使用广泛的精密量具之一。千分尺的品种与规格较多，按用途和结构可分为：外径千分尺、内径千分尺、深度千分尺、壁厚千分尺、杠杆千分尺、螺纹千分尺、公法线长度千分尺等。

## (三) 百分表和千分表

百分表和千分表都是利用机械传动系统，把测杆的直线位移转变为指针在表盘上角位移的长度测量工具。它们结构相似，功能原理相同。可用来检查机床或零件的精确程度，也可用来调整加工工件装夹位置偏差。

当测杆移动 1 毫米时，指针就转动一圈。其中百分表的圆刻度盘沿圆周有 100 个等分度，即每一分度值相当于测杆移动 0.01 毫米，而千分表的分度值为 0.001 毫米。

在用百分表和千分表进行测量时，要注意以下几点：

①按被测工件的尺寸和精度要求，选择合适的表。

②使用前，先查看量具检定合格证是否在有效期内，如无检定合格证，该表绝对不能使用。然后用清洁的纱布将表的测量头和测量杆擦干净，进行外观检查，这时表盘不应松动，指针不应弯曲。测量杆、测量头等活动部分应无锈蚀和碰伤，测量头应无磨损痕迹。

③测量杆移动要灵活，指针与表盘应无摩擦。多次拨动测量头，指针能回到原位。

④根据工件的形状、表面粗糙度和材质，选用适当的测量头。球形工件用平测量头；圆柱形或平面形的工件用球面测量头；凹面或形状复杂的表面用尖测量头，使用尖测量头时应注意避免划伤工件表面。

⑤使用前，将表装夹在表架或专用支架上，夹紧力要适当，不宜过大或过小。测量时，为了读数方便，都喜欢把指针转到表盘的零位作为起始值。在相对测量时，用量块作为对零件的基准。

对零位时先使测量头与基准表面接触，在测量范围允许的条件下，最好把表压缩，使指针转过一圈后再把表紧固住，然后对零位。为了校验一下表装夹的可靠性，这时可把测量杆提起 1 ~ 2 毫米，轻轻放下，反复两三次，如对零位置无变化，则表示装夹可靠，方可使用。当然在测量时，也可以不必事先对零位，但用这种方法应记住指针起始位置的刻度值，否则测量结束时很容易把测量结果算错。

⑥测量时，应轻轻提起测量杆，再把被测工件移到测量头的下面。放松测量杆时，应慢慢使测量头与被测件相接触。不允许把工件强迫推入测量头的下面，也不允许提起测量杆后突然松手。

⑦测量时，百分表的测量杆要与被测工件表面保持垂直；而测量圆柱形工件时，测量杆的中心线则应垂直地通过被测工件的中心线，否则将增大测量误差。

## 二、传感器

传感器有时亦被称为换能器、变换器、变送器或探测器，是指那些对被测对象的某一确定的信息具有感受（或响应）与检出功能，并使之按照一定规律转换成与之对应的有用输出信号的元器件或装置。从其功能出发，人们形象地将传感器描述为那些能够取代甚至超出人的"五官"，具有视觉、听觉、触觉、嗅觉和味觉等功能的元器件或装置。这里所说的"超出"，是因为传感器不仅可应用于人无法忍受的高温、高压、辐射等恶劣环境，还可以检测出人类"五官"不能感知的各种信息。如微弱的磁、电、离子和射线的信息，以及远远超出人体"五官"感觉功能的高频、高能信息等。总之，传感器的主要特征是能感知和检测某一形态的信息，并将其转换成另一形态的信息。

传感器一般是利用物理、化学和生物等学科的某些效应或机理，按照一定的工艺和结构研制出来的。传感器的组成细节有较大差异，但总的来说，传感器由敏感元件、转换元件和其他辅助元件组成。敏感元件是指传感器中能直接感受（或响应）与检出被测对象的待测信息（非电量）的部分，转换元件是指传感器中能将敏感元件所感受（或响应）出的信息直接转换成电信号的部分。其他辅助元件通常包括电源，即交、直流供电系统。

目前，具有各种信息感知、采集、转换、传输和处理的功能传感器件，已经成为各个应用领域，特别是自动检测、自动控制系统中不可缺少的重要工具。例如，在各种航天器上，利用多种传感器测定和控制航天器的飞行参数、姿态和发动机工作状态，将传感器获取的种种信号再输送到各种测量仪表和自动控制系统，进行自动调节，使航天器按人们预先设计的轨道征程运行。

由于传感器是信息采集系统的首要部件，是实现现代化测量和自动控制（包括遥感、遥测、遥控）的主要环节，是现代信息产业的源头，又是信息社会赖以存在和发展的物质与技术基础。因此，传感技术与信息技术、计算机技术并列成为支撑整个现代信息产业的三大支柱。可以设想，如果没有高度保真和性能可靠的传感器，没有先进的传感器技术，那么信息的准确获取就成为一句空话，信息技术和计算机技术就成了无源之水。目前，从宇宙探索、海洋开发、环境保护、灾情预报到包括生命科学在内的每一项现代科学技术的研究以及人民群众的日常生活等等，几乎无一不与传感器和传感器技术紧密联系着。可见，应用、研究和开发传感器和传感器技术是信息时代的必然要求。

传感器种类很多，按被测物理量分类主要有压力、温湿度、流量、位移、速度、加速度传感器等按敏感元件类型主要有电阻式、压电式、电感式、电容式传感器等。下面对几种常见的传感器进行简单介绍。

## （一）电阻式传感器

电阻式传感器是将非电量（如力、位移、形变、速度和加速度等）的变化量，变换成与之有一定关系的电阻值的变化，通过对电阻值的测量达到对上述非电量测量的目的。电阻式传感器主要分为两大类：电位计（器）式电阻传感器以及应变式电阻传感器。

电位计（器）式电阻传感器又分为线绕式和非线绕式两种。线绕电位器的特点是：精度高、性能稳定、易于实现线性变化。非线绕式电位器的特点是：分辨率高、耐磨性好、寿命较长。它们主要用于非电量变化较大的测量场合。

应变式电阻传感器是利用应变效应制造的一种测量微小变化量的理想传感器，其主要组成元件是电阻应变片。电阻应变片品种繁多，形式多样，但常用的可分为两类：金属电阻应变片和半导体电阻应变片。金属电阻应变片就是以金属丝和金属片为材料制造的，而半导体应变片则是用半导体材料制成的应变片。根据应变式电阻传感器所使用的应变片的不同，应变式电阻传感器可分为金属应变片和半导体应变片。这类传感器灵敏度较高，用于测量变化量相对较小的情况。目前，应变式电阻传感器是用于测量力、力矩、压力、加速度、重量等参数的广泛的传感器之一。

电阻式传感器的应用范围很广，例如电阻应变仪和电位器式压力传感器等，其使用方法也较为简单，例如在测量试件应变时，只要直接将应变片粘贴在试件上，即可用测量仪表（例如电阻应变仪）测量；而测量力、加速度等，则需要辅助构件（例如弹性元件、补偿元件等），首先将这些物理量转换成应变，然后再用应变片进行测量。

## （二）电容式传感器

电容式传感器的核心是电容器，其构成极为简单：两块互相绝缘的导体为极板，中间隔以不导电的介质。电容式传感器主要有以下优点：由于极板间引力是静电引力，一般只有毫克级，所以仅需很少能量就能改变电容值；极板很轻薄，因此容易得到良好的动态特性；介质损耗很小，发热甚微，有利于在高频电压下工作；结构简单，允许在高、低温及辐射等环境下工作，有的型式（如变 d 型），电容相对变化量大，因此容易得到高的灵敏度；可以把被测试件作为电容器的一部分（如极板或介质），故极易实现非接触测量。

电子技术的发展，使得电容式传感器应用更加广泛，特别是它的一些优点被充分利用，如作用能量小、相对变化量大、灵敏度高（如变 d 型）、结构简单等。目前，电容式传感器在压力、差压、荷重以及小位移的检测中广为应用。

# 第五节　机械制造中的装配技术

## 一、装配与装配方法

任何机器都是由许多零部件经过装配组合而成的。装配是机器制造过程中的最后一个阶段，包括装配、调整、检验和试车、试验等内容。通过装配可以保证机器的质量，也能发现产品设计和零件制造中的问题，从而不断改进和提高产品质量，降低成本。

装配精度的高低不仅影响产品的质量，还影响制造的经济性。它是确定零部件精度要求和装配工艺规程的一项重要依据。

机器的装配精度的主要内容包括：零部件间的尺寸精度、相对运动精度、相互位置精度和接触精度。

机器、部件、组件等是由零件装配而成的，因而零件的有关精度直接影响到相应的装配精度。例如滚动轴承游隙的大小，是装配的一项最终精度要求，它由滚动体的精度、轴承外环内滚道的精度及轴承内环外滚道的精度来保证。这时就应合理地控制上述三项有关精度，使三项误差的累积值等于或小于轴承游隙的规定值。

可见，要合理地保证装配精度，必须从机器的设计、零件的加工、装配以及检验等全过程来综合考虑。在机器设计过程时，应合理地规定零件的尺寸公差和技术条件，并计算、校核零部件的配合尺寸及公差是否协调。在确定装配工艺和装配工序内容时，应采取相应的工艺措施，合理地确定装配方法，以保证机器性能和重要部位装配精度要求。

为了达到装配精度，人们根据产品的结构特点、性能要求、生产纲领和生产条件创造出许多行之有效的装配方法。归纳有互换法、选配法、修配法和调整法四大类。

### （一）互换法

互换法可以根据互换程度，分为完全互换和不完全互换。

完全互换就是机器在装配过程中每个待装配零件不须挑选、修配和调整，装配后就能达到装配精度要求的一种装配方法，这种方法是用控制零件的制造精度来保证机器的装配精度。完全互换法的优点是装配过程简单，生产效率高；对工人的技术水平要求不高；便于组织流水作业及实现自动化装配；便于采用协作生产方式组织专业化生产，降低成本；

备件供应方便，利于维修等。因此只要能满足零件经济精度加工要求，无论何种生产类型，首先考虑采用完全互换装配法。

当机器的装配精度要求较高，装配的零件数目较多，难以满足零件的经济加工精度要求时，可以采用不完全互换法保证机器的装配精度。采用不完全互换法装配时，零件的加工误差可以放大一些，使零件加工容易，成本低，同时也达到部分互换的目的。其缺点是将会出现一部分产品的装配精度超差。

## （二）选配法

在成批或大量生产的条件下，若组成零件不多但装配精度很高，采用互换法将使零件公差过严，甚至超过了加工工艺的现实可能性。在这种情况下，可采用选配法进行装配。选配法又分三种：直接选配法、分组选配法和复合选配法。

直接选配法是由装配工人从许多待装的零件中，凭经验挑选合适的零件装配在一起，保证装配精度。这种方法的优点是简单，但是工人挑选零件的时间可能较长，而装配精度在很大程度上取决于工人的技术水平，且不宜用于大批量的流水线装配。

分组选配法是先将被加工零件的制造公差放宽几倍（一般放宽 3 ~ 4 倍），加工后测量分组（公差带放宽几倍分几组），并按对应组进行装配以保证装配精度的方法。分组选配法在机器装配中用得很少，而在内燃机、轴承等大批大量生产中有一定的应用。

复合选配法是上述两种方法的复合。将零件预先测量分组，装配时再在各对应组内凭工人的经验直接选择装配。这种装配方法的特点是配合公差可以不等。其装配质量高，速度较快，能满足一定生产节拍的要求。在发动机的气缸与活塞的装配中，多采用这种方法。

## （三）修配法

在单件小批生产中，装配精度要求很高且组成环多时，各组成环先按经济精度加工，装配时通过修配某一组成环的尺寸，使封闭环的精度达到产品精度要求，这种装配方法称为修配法。修配法的优点是能利用较低的制造精度，来获得很高的装配精度；其缺点是修配劳动量大，要求工人技术水平高，不易预定工时，不便组织流水作业。利用修配法达到装配精度的方法较多，常用的有单件修配法、合并修配法和自身加工修配法等。

## （四）调整法

调整法与修配法在原则上是相似的，但具体方法不同。调整装配法是将所有组成环的公差放大到经济精度规定的公差进行加工。在装配结构中选定一个可调整的零件，装配时用改变调整件的位置或更换不同尺寸的调整件来保证规定的装配精度要求。常见的调整法有可动调整法、固定调整法和误差抵消调整法三种。

## 二、装配工艺规程的制定

### （一）制定装配工艺规程的基本原则

装配工艺规程是用文件形式规定下来的装配工艺过程，它是指导装配工作的技术文件，是设计装配车间的基本文件之一，也是进行装配生产计划及技术准备的主要依据。所以，机器的装配工艺规程在保证产品质量、组织工厂生产和实现生产计划等方面有重要作用，在制定时应注意以下四条原则。

①在保证产品装配质量的情况下，延长产品的使用寿命。

②合理安排装配工序，减少钳工装配工作量。

③提高效率，缩短装配周期。

④尽可能减少车间的作业面积，力争单位面积上具有最大生产率。

### （二）装配工艺规程的内容

①进行产品分析，根据生产规模合理安排装配顺序和装配方法，编制装配工艺系统图和工艺规程卡片。

②确定生产规模，选择装配的组织形式。

③选择和设计所需要的工具、夹具和设备。

④规定总装配和部件装配的技术条件、检查方法。

⑤规定合理的运输方法和运输工具。

### （三）制定装配工艺规程的步骤

①进行产品分析。分析产品图样，掌握装配的技术要求和验收标准。对产品的结构进行尺寸分析和工艺分析。研究产品分解成"装配单元"的方案，以便组织平行、流水作业。

②确定装配的组织形式。装配的组织形式根据产品的批量、尺寸和质量的大小分固定式和移动式两种。固定式是工作地点不变的组织形式；移动式是工作地点随着小车或运输带而移动的组织形式。固定式装配工序集中，移动式装配工序分散。单件小批、尺寸大、

质量大的产品用固定装配的组织形式，其余用移动装配的组织形式。装配的组织形式确定以后，装配方式，工作地点的布置也就相应确定。工序的分散与集中以及每道工序的具体内容也根据装配的组织形式而确定。

③拟定装配工艺过程。在拟定装配工艺过程时，可按以下步骤进行：

a. 确定装配工作的具体内容。根据产品的结构和装配精度的要求可以确定各装配工序的具体内容。

b. 确定装配工艺方法及设备。为了进行装配工作，必须选择合适的装配方法及所需的设备、工具、夹具和量具等。

c. 确定装配顺序。各级装配单元装配时，先要确定一个基准件先进入装配，然后根据具体情况安排其他单元进入装配的顺序。如车床装配时，床身是一个基准件先进入总装，其他的装配单元再依次进入装配。从保证装配精度及装配工作顺利进行的角度出发，安排的装配顺序为：先下后上，先内后外，先难后易，先重大后轻小，先精密后一般。

d. 确定工时定额及工人的技术等级。目前装配的工时定额大都根据实践经验估计，工人的技术等级并不进行严格规定。但必须安排有经验的技术熟练的工人在关键的装配岗位上操作，以把好质量关。

e. 编写装配工艺文件。装配工艺规程中的装配工艺过程卡片和装配工序卡片的编写方法与机械加工的工艺过程卡和工序卡基本相同。在单件小批生产中，一般只编写工艺过程卡，对关键工序才编写工序卡。在生产批量较大时，除编写工艺过程卡外还须编写详细的工序卡及工艺守则。

# 第四章 机械加工工艺过程与规程制定

机械加工工艺规程是规定零件机械加工工艺过程和操作方法等的工艺文件之一，它是在具体的生产条件下，把较为合理的工艺过程和操作方法，按照规定的形式书写成工艺文件，经审批后用来指导生产。

## 第一节 机械加工工艺过程与生产类型

### 一、机械加工工艺过程

#### （一）机械加工工艺系统

机械加工工艺系统（如图4-1所示）由金属切削机床、刀具、夹具和工件四个要素组成，它们彼此关联、互相影响。该系统的整体目的是在特定的生产条件下，在保证机械加工工序质量和产量的前提下，采用合理的工艺过程，降低工件的加工成本，因此，必须从组成机械加工工艺系统的机床—刀具—夹具—工件这四个要素的"整体"出发，分析和研究各种有关问题，才可能实现系统的工艺最佳化方案。

随着信息科学与机械制造科学的不断融合，出现了各种新型的机械加工技术，要实现系统最优化，除了考虑坯料由上工序输入本工序并经过存储、机械加工和检测，然后作为本工序加工完成的零件输出给下道工序这种物质流动的流程（称之为"物质流"）外，还必须充分重视并合理编制工艺文件、数控程序和控制模型等适控着物质系统工作的信息的流程（称之为"信息流"）。

如果以一个零件的机械加工工艺过程作为一个系统来分析，那么该系统的要素就是组成工艺过程的各个工序。

对于一个机械制造厂来说，除机械加工外，还有铸造、锻压、焊接、热处理和装配等工艺，各种工艺都可形成各自的工艺系统。

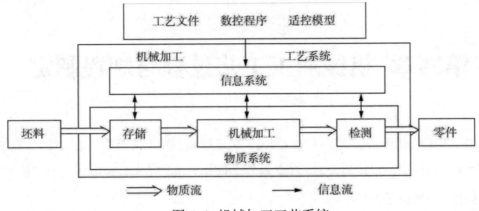

图 4-1 机械加工工艺系统

（二）工艺过程与工艺规程

在各种生产过程中，不仅包括直接改变工件形状、尺寸、位置和性质等的主要过程，还包括运输、保管、磨刀、设备维修等辅助过程。

生产过程中，按一定顺序逐渐改变生产对象的形状（铸造、锻造等）、尺寸（机械加工）、位置（装配）和性质（热处理），使其成为预期产品的过程称之为工艺过程。

工件依次通过的全部加工过程称为工艺路线或工艺流程。工艺路线是制定工艺过程和进行车间分工的重要依据。

可以采用不同的工艺过程来达到工件最后的加工要求，技术人员根据工件产量、设备条件和工人技术情况等，确定采用的工艺过程，并将有关内容写成工艺文件，这种文件就称为工艺规程。

工艺规程一旦制定，有关人员就必须严格按工艺规程办事，如果经过工艺试验，需要更改工艺文件时，必须经过一定的审批手续。

制定工艺规程的传统方法是技术人员根据自己的知识和经验，参考有关技术资料来确定。随着计算机技术、信息技术、数据库技术广泛地引入机械制造领域，目前，国内外愈来愈多地研究和采用计算机辅助编制工艺规程技术。它使繁杂、落后的工艺规程制定工作，实现最佳化、系统化和现代化，这是一个值得进一步研究和推广的新方法。

（三）工艺过程的组成

要制定工艺规程，就要了解工艺过程的组成。

1. 工序、工步和走刀

工序——一个或一组工人、在一个工作地（通常是指一台加工设备）对同一个或同时几个工件所连续完成的那一部分工艺过程，它是组成工艺过程的基本单元。

工步——在加工表面（或装配时的连接表面）不变，加工（或装配）工具不变的情况下，所连续完成的那一部分工序。

走刀——在一个工步中，有时材料层要分几次去除，则每切去一层材料称为一次走刀。

如图 4-2 所示的阶梯轴加工，根据其产量和生产车间的不同，应采用不同的方案来加工。属于单件、小批生产时采用表 4-1 方案加工，如果是大批、大量生产，则应改用表 4-2 方案加工。

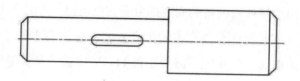

图 4-2 阶梯轴

表 4-1 单件、小批生产工艺过程

| 工序 | 内容 | 设备 |
| --- | --- | --- |
| 1 | 车端面，打中心孔，调头车另一端面，打中心孔 | 车床 |
| 2 | 车大外圆及倒角，调头车小外圆及倒角 | 车床 |
| 3 | 铣键槽，去毛刺 | 铣床 |

表 4-2 大批、大量生产工艺过程

| 工序 | 内容 | 设备 |
| --- | --- | --- |
| 1 | 铣两端面，打中心孔 | 专用车床 |
| 2 | 车大外圆及倒角 | 车床 |
| 3 | 车小外圆及倒角 | 车床 |
| 4 | 铣键槽 | 键槽铣床 |
| 5 | 去毛刺 | 钳工台 |

在表 4-1 中，工序 1 和 2 由于加工表面和刀具依次都在改变，所以这两个工序都包括四个工步。工序 3 中铣键槽工步往往需要多次走刀来完成；除去毛刺工作则由钳工在铣键槽工序后用手工连续完成，所以是同一工序中的另一工步。

在表 4-2 中，大批、大量生产时，为提高效率，两端面和中心孔往往在专用的、能双面拼端面并打中心孔的机床上作为一道工序来完成。

大、小外圆及其倒角则用定距对刀法分别在两个工序中完成（一批工件先全部车完大外圆，再依次车小外圆，若不在同一台车床上加工，显然是两个工序，即使是在同一台车床上加工，加工完所有工件的大圆后需要重新对刀以加工小圆，大、小外圆加工不是连续的，亦属于两个工序）。此外，去毛刺工序亦应考虑由钳工专门完成，以免占用铣床工时，工作地点变了，所以是另外的工序。

2.安装和工位

安装——同一工序中，工件在机床或夹具中每定位和夹紧一次，称为一次安装。表4-1中的工序1和2都是二次安装。

工位——为了完成一定的工序内容，一次装夹工件后，工件（或装配单元）与夹具或设备的可动部分一起相对刀具或设备的固定部分所占据的某一个位置称为工位。

采用多工位夹具、回转工作台或在多轴机床上加工时，工件在机床上一次安装后，就要经过多工位加工。采用多工位加工可减少工件的安装次数，从而缩短了工时，提高了效率。多工位、多刀或多面加工，使工件几个表面同时进行加工，亦可看作一个工步，这就称为复合工步。

## 二、生产纲领和生产类型

### （一）生产纲领

生产纲领是企业在计划期内（一般按年度）应当生产的产品产量和进度计划。

生产纲领中应计入备品和废品的数量。产品的生产纲领确定后，就可根据各零件在产品中的数量，供维修用的备品，在整个加工过程中允许的总废品率来确定本件的生产纲领。

在成批生产中，当零件年生产纲领确定后，就要根据车间具体情况按一定期限分批投产，每批投产的零件数称为批量。

### （二）生产类型

根据产品的大小、特征、生产纲领、批量及其投入生产的连续性，传统上可分为三种不同的生产类型：

①单件、小批生产。每一产品只做一个或数个，一个工作地要进行多品种和多工序的作业。重型机器、大型船舶的制造和新产品的试制属于这种生产类型。

②成批生产。产品周期地成批投入生产，一个工作地顺序分批地完成不同工件的某些工序。通用机床（一般的车、铣、刨、钻、磨床）的制造往往属于这种生产类型。

③大批、大量生产。产品连续不断地生产出来。每一个工作地用重复的工序制造产品（大量生产），或以同样方式按期分批更换产品（大批生产）。

由于大批、大量生产广泛采用高效的专用机床和自动机，按流水线排列或采用自动线进行生产，因而可以大大地降低产品成本，增加产品在市场上的竞争能力。但是，上述适用于大批、大量生产传统的"单机"和"生产线"，都具有很大的"刚性"（指专用性），很难改变原来的生产对象，来适应新产品生产的需要。

随着科学技术的飞速发展，功能更完善、效能更高的新产品不断涌现，同时，随着人们生活水平的不断提高，消费者对产品性能、品种的要求愈来愈高，产品升级换代愈加频繁，从而导致产品能获得较高利润的"有效寿命"越来越短，这就要求机械制造业能找到既能高效生产又能快速转产的"柔性"制造方法。由于计算机技术、信息技术在机械加工领域中获得越来越广泛的应用，为机械产品多品种、变批量的生产开拓了广阔的前景，使制造企业能对市场需求做出快速反应。

# 第二节 机械加工工艺规程与结构工艺

## 一、机械加工工艺规程概述

### （一）工艺规程的作用

把零件加工的全部工艺过程按一定格式写成书面文件就叫作工艺规程。

工艺规程有以下作用：

（1）它是组织生产和计划管理的重要资料，生产安排和调度、规定工序要求和质量检查等都以工艺规程为依据，制定和不断完善工艺规程有利于稳定生产秩序，保证产品质量和提高生产效率，并充分发挥设备能力，一切生产人员都应严格执行和贯彻，不应任意违反或更改工艺规程的内容。

（2）它是新产品投产前进行生产准备和技术准备的依据，例如刀、夹、量具的设计、制造或采购原材料、半成品及外购件的供应及设备、人员的配备等。

（3）在新建和扩建工厂或车间时，必须有产品的全套工艺规程作为决定设备、人员、车间面积和投资预算等的原始资料。

（4）行之有效的先进工艺规程还起着交流和推广先进经验的作用，有利于其他工厂缩短试制过程，提高工艺水平。

工艺规程的制定应能保证可靠地达到产品图纸所提出的全部技术要求，获得高质量、高生产效率，并能节约原材料和工时消耗，不断降低成本。此外工艺规程还应努力减轻工人劳动强度，保证安全和良好的工作条件。

工艺文件的形式多种多样，繁简程度也有很大区别，主要取决于生产类型。

在单件小批生产中一般只编制综合工艺过程卡，供生产管理和调度用。至于每一工序具体应如何加工，则由操作者自己决定，对关键或复杂零件才制定较为详细的工艺规程。

在成批生产中多采用机械加工工艺卡片。

大批量生产中则要求完整和详细的文件，除工艺过程外，对各工作地点要制定工序卡片或分得更细的操作卡、调整卡以及检验卡等。

## （二）制定工艺规程的原始资料

下列原始资料是制定工艺规程的依据和条件：

①零件工作图，包括必要的装配图；

②零件的生产纲领和投产批量；

③本厂生产条件，如设备规格、功能，精度等级，刀、夹、量具规格及使用情况，工人技术水平，专用设备和工装的制造能力；

④毛坯生产和供应条件。

## （三）制定机械加工工艺规程的步骤

1. 分析研究产品的装配图和零件图，进行工艺审查

工艺检查的内容除了检查尺寸、视图及技术条件是否完整外，主要是：

（1）审查各项技术要求是否合理。过高的精度、表面粗糙度及其他要求会使工艺过程复杂，加工困难，成本提高。

（2）审查零件的结构工艺性是否合适。应使零件结构便于加工和安装，尽可能减少加工和装配的劳动量。

（3）审查材料选用是否恰当。在满足零件功能的前提下，应选用廉价材料。材料选择还应立足国内，尽量采用来源充足的材料，不得滥用贵重金属。例如镍、铬是我国稀有的贵重合金元素，在可能条件下尽量不用或少用。例如采用65Mn合金结构钢代替40Cr钢，可满足磨齿机砂轮主轴机械性能的要求。

工艺审查中对不合理的设计应会同有关设计者共同研究，按规定手续进行必要的修改。

2. 确定毛坯

制造机械零件的毛坯一般有铸件、锻件、型材、焊接件等，这些毛坯余量较大，材料

利用率低。目前无切削加工有了很大的发展，如精密铸造、精锻、冷轧、冷挤压、粉末冶金、异型钢材及工程塑料等都在迅速推广。由这些方法或材料制造的毛坯精度大为提高，只要经过少量机械加工甚至不须加工，可大大节约机械加工劳动量，提高材料利用率，经济效果非常显著。

因此毛坯选择对零件工艺过程的经济性有很大影响。工序数量、材料消耗、加工工时都在很大程度上取决于所选择的毛坯。但要提高毛坯质量往往使毛坯制造困难，须采用较复杂的工艺和昂贵的设备，增加了毛坯成本。这两者是互相矛盾的，因此毛坯种类和制造方法的选择要根据生产类型和具体生产条件决定。同时应充分注意到利用新工艺、新技术、新材料的可能性，使零件生产的总成本降低，质量提高。

### 3. 拟定工艺路线（过程）

拟定工艺路线即定出全部加工由粗到精的加工工序，其主要内容包括选择定位基准、定位夹紧方法及各表面的加工方法，安排加工顺序等。这是关键性的一步，一般需要提出几个方案进行分析比较。

### 4. 确定各工序所采用的设备

选择机床设备的原则是：①机床规格与零件外形尺寸相适应；②机床精度与工件要求的精度相适应；③机床的生产率与零件的生产类型相适应；④所选机床与现有设备条件相适应。如果需要改装设备或设计专用机床，则应提出设计任务书，阐明与加工工序内容有关的参数、生产率要求，保证产品质量的技术条件以及机床的总体布置形式等。制定工艺规程一方面应符合本厂具体生产条件，另一方面又应充分采用先进设备和技术，不断提高工艺水平。

### 5. 确定切削用量

合理的切削用量是科学管理生产，获得较高技术经济指标的重要前提之一。切削用量选择不当会使工序加工时间增多、设备利用率下降、工具消耗量增加，从而增加了产品成本。

单件小批生产中为了简化工艺文件及生产管理，常不具体规定切削用量，但要求操作工人技术熟练。大批量生产中对组合机床、自动机床及某些关键精密工序，应科学地、严格地选择切削用量，用以保证节拍均衡及加工质量要求。

## 二、结构工艺性

### （一）结构和工艺的联系

生产实践证明，同一产品可以有多种不同结构，所须花费的加工量也大不相同。所谓结构工艺性就是指机器和零件的结构是否便于加工、装配和维修，在满足机器工作性能的前提下能适应经济、高效制造过程的要求，达到优质、高产、低成本，这样的设计就是具有良好的结构工艺性。因此在进行产品设计时除了考虑使用要求外，必须充分考虑制造条件和要求，在许多情况下，改善结构工艺性，可大大减少加工量，简化工艺装备，缩短生产周期并降低成本。

结构工艺性衡量的主要依据是产品的加工量、生产成本及材料消耗，具体分析比较可以下述各项特征来考虑，如机器或零件结构的通用化、标准化程度，老产品零、部件的重复利用程度，平均加工精度和表面粗糙度系数，关键零件工艺的复杂程度，材料利用率，能否划分为独立的制造单元，减少加工时间以及采用自动化加工方法的可能性。

结构工艺性具有综合性，必须对毛坯制造、机械加工到装配调试的整个工艺过程进行综合分析比较，全面评价，因为对某道工序有利的结果可能引起毛坯制造困难，某个零件结构工艺性改善，可能提高了其他有关零件的加工难度。此外，结构工艺性还概括了使用和维修要求，也就是要便于装拆，以利于迅速更换和修理。

结构工艺性具有相对性，对不同生产规模或具有不同生产条件的工厂来说，对产品结构工艺性的要求是不同的。例如，某些单件生产的产品，要扩大产量按流水生产线来加工，可能是很困难的，按自动线生产更是不可能。

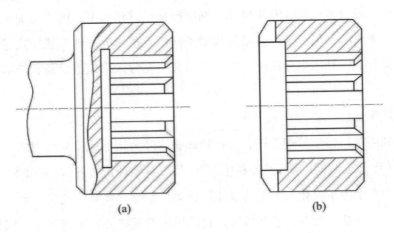

图 4-3 内齿离合器

图 4-3（a）所示零件须在插齿机上加工内齿，为成批生产类型。如果要大批生产，应改为图 4-3(b)结构，以便可采用高生产率的拉削加工。又如同样是单件小批生产的工厂，若分别以拥有数控机床和万能机床为主，两者在制造能力上差异很大。现代技术的发展提高了制造能力，以前难以制造的产品完全可以采用新工艺、新技术来完成。但是对于数控机床和目前正在发展的柔件制造系统来说，由于设备费用昂贵，更须改善零件结构工艺性，

缩短辅助工时，提高机床利用率。

### （二）毛坯结构工艺性

机械零件广泛采用铸造毛坯，按质量计算，铸件占毛坯总量的70% ~ 85%。其次是锻件、冲压件、各种型材和焊接件。零件结构对毛坯制造的工艺性影响很大。总的说来，零件结构应符合各种毛坯制造方法的工艺性要求。

零件毛坯的铸造工艺性主要应避免由结构设计不良引起的铸造缺陷，并使铸造工艺过程简单，操作方便。为此应遵循下述各项原则：

①铸件形状尽量简单，以利于模型、泥芯及熔模的制造，避免不规则分型面。内腔形状应尽量采用直线轮廓，减少凸起，以减少泥芯数，简化操作。

②铸件的垂直壁或肋都应有拔模斜度，内表面斜度大于外表面，以便取出模型和泥芯。

③为防止浇注不足，铸件壁厚不论大小，应依据铸件尺寸来确定，也与材料和铸造方法有关，一般可按下式估计：

$$S = L / 200 + 4 \quad (mm)$$

$L$为铸件最大尺寸，内壁比外壁减薄20%，加强筋取为壁厚的0.5 ~ 0.6，各处壁厚均匀，圆角一致，从而防止铸件冷却不均匀产生残余应力和裂纹。

④为防止挠曲变形，铸件应采用对称截面，要减少大的水平平面，以利于补缩和排气。锻造包括自由锻、模锻和顶锻等，适用于不同的生产批量和毛坯形状尺寸的要求。而不同锻造方法对零件结构形状的要求也不同。一般来说应考虑下述各项原则：①锻造毛坯形状应简单、对称，避免柱体部分交贯和主要表面上有不规则凸台。毛坯形状应允许有水平分界模面，最大尺寸在分模面上，以简化锻模结构。②模锻毛坯应有拔模斜度和圆角，槽和凹口只允许沿模具运动方向分布，以便于毛坯从模具中取出，防止锻造缺陷并延长模具寿命。③毛坯形状不应引起模具侧向移动，以免使上下模错位。④零件壁厚差不能太大，因为薄壁冷却较快，会阻止金属流动，降低模具寿命。

### （三）零件结构工艺性

提高零件结构的加工工艺性，应遵循下述各项原则：

1. 减轻零件重量

机器在满足刚度、精度和工作性能的前提下，应设计成体积小、重量轻，这样不仅节省材料和工时，而且便于选用加工设备，便于工艺过程中存放、运输和装卸。对于减轻铸件重量来说，首先应减小铸件壁厚，一般在不改变刚度和形状的条件下，箱体壁厚减少K

倍，重量相应减少（2／3）K倍。

2. 保证加工的经济性

零件的结构不仅要能够加工，还要便于加工，从而可以提高生产率，便于保证加工质量，降低加工成本，这就是加工的经济性问题。图4-4中的底座的底面不宜大，应该设计出凸台，以便减少加工面，有利于减小不平度，提高接触精度；轴上的配合表面的轴段也不宜长，应该在不影响使用功能的前提下缩短配合表面的长度，减少了精车工作量，接触精度也提高。

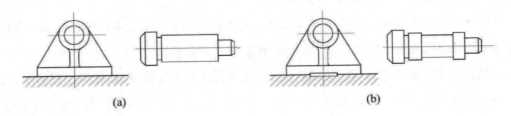

图 4-4 提高加工经济性示例 1

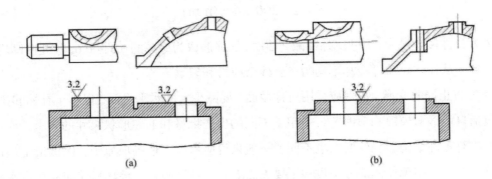

图 4-5 提高加工经济性示例 2

图4-5（a）中出现的轴上键槽的布置不在同一方向上，势必在加工完一个键槽后要将工件转一个角度才能加工另一个键槽；一个工件上的多个孔布置不平行，钻孔加工中需要多次改变工件的位置；除非有特殊的使用功能要求，否则箱体的同一方向上需要加工的表面设计得不等高，将使得加工时要两次装夹和对刀，增加工时；分别改为图4-5（b）中的情况就能提高加工经济性。

3. 保证刀具正常地工作

零件的结构设计必须保证刀具能正常地工作，避免损坏或过早地磨损；还必须保证刀具能自由地进刀和退刀，不伤及零件。图4-6（a）中的孔加工件在钻孔时钻头钻入和钻出过程中会出现径向受力不均，不但造成钻孔偏斜，甚至还会折断钻头；对于双联齿轮和内孔键槽一般采用插床加工，必须留有退刀槽，使刀具在切削进给和空刀返程之间能卸载，否则引起刀具损坏；盲孔和阶梯轴磨削时若无越程槽，砂轮就会出现局部的圆周面和端面同时进行磨削的情形，砂轮的一角很快圆钝，不能磨出直角，影响工件的配合。各零件的结构应按图4-6（b）做相应修改。

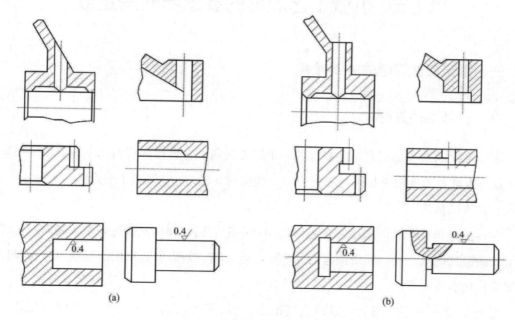

图4-6 保证刀具、砂轮能正常工作示例

### 4. 零件尺寸规格标准化

设计零件时对它的结构要素应尽量标准化，这样做可以大大节约工具，减少工艺准备工作，简化工艺装备，例如零件上的螺孔、定位孔、退刀槽等尽量符合标准（国家标准或工厂规范）。尺寸标准化，就可采用标准钻头、铰刀和量具，减少刀具规格种类，避免专门制备非标的工、卡、量具。

### 5. 正确标注尺寸及规定加工要求

如果尺寸标注不合理，会给加工带来困难或者达不到质量要求。从工艺的角度来看，尺寸标注应符合尺寸链最短原则，使有关零件装配的累积误差最小；应避免从一个加工表面确定几个非加工表面的位置；不要从轴线、锐边、假想平面或中心线等难以测量的基准标注尺寸，因为这些尺寸不能直接测量而须经过换算。

加工要求应合理，如果没有特殊要求，应执行经济精度。零件上规定了过高精度和表面粗糙度要求则必然要增加工序，例如加工IT8级精度的孔，只需一次铰削，而IT7级孔需要铰两次，增加了工时和刀、夹、量具，成本也相应提高，因此零件精度等级和表面粗糙度要求首先应满足工作要求，同时要考虑工艺条件及加工成本，不要盲目提高。

# 第三节 机械工艺规程的要素与时间定额

## 一、拟定工艺规程的主要问题

### （一）基准的选择

定位基准的选择是制定工艺规程的一个重要问题，它直接影响到工序的数目、夹具结构的复杂程度及零件精度是否易于保证，一般应对几种定位方案进行比较。

1.基准的概念

零件总是由若干表面组成，各表面之间有一定的尺寸和相互位置要求。基准就是零件上用来确定其他点、线、面所依据的那些点、线、面。基准按其作用的不同可分为设计基准和工艺基准两大类。

设计基准——零件图上用以确定其他点、线、面的基准，例如图 4-7 所示箱体，尺寸 $C$ 说明顶面以底面 $D$ 为设计基准，尺寸 $x_3$、$y_3$ 和 $x_4$、$y_4$ 说明 $D$、$E$ 面是孔 IV 和孔 III 的设计基准，可见设计基准是零件图上尺寸标注的起始点，一般来说，基准关系是可逆的。

工艺基准——在加工和装配中使用的基准，包括：

（1）定位基准——加工时使工件在机床或夹具上占有正确位置所采用的基准，例如阶梯轴的中心孔，箱体零件的底平面和内壁等。定位基准应限制足够的自由度来实现定位。

（2）度量基准——检验时用来确定被测量零件在度量工具上位置的表面，称为"度量基准"。例如主轴支承在 V 形铁上检验径向跳动时，支承轴颈表面就是度量基准。

（3）装配基准——装配时用来确定零件或部件在机器上位置的表面称为"装配基准"。例如主轴箱体的底面 $D$ 和导向面 $E$，主轴的支承轴颈等都是它们各自的装配基准。

关于基准概念，尚需阐明下面两点：

（1）作为基准的点、线、面，在工件上不一定存在，例如孔的中心线、槽的对称平面等。若选作定位基准，则必须由某些具体表面来体现。这些表面称为基面，如轴类零件的中心孔，它所体现的定位基准是中心线。

（2）以上各例都是长度尺寸关系的基准问题。对于相互位置要求，如平行度、垂直度等，具有同样的基准关系。

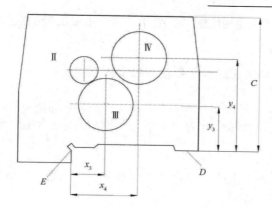

图 4-7 设计基准示例

2. 定位基准及其选择

设计基准已由零件图给定，而定位基准可以有多种不同的方案，必须加以合理的选择。

在第一道工序中只能选用毛坯表面来定位，称为粗基准；在以后的工序中，采用已经加工过的表面来定位，称为精基准。有时可能遇到这样的情况：工件上没有能作为定位基准用的恰当表面，这时就必须在工件上专门设置或加工出定位基面，称为辅助基准。

由于粗基准和精基准的作用不同，两者的选择原则也各异。

粗基准的选择有两个出发点：一是保证各加工表面有足够的余量，二是保证不加工表面的尺寸和位置符合图纸要求。

粗基准的选择原则是：

（1）工件若需要保证某重要表面余量均匀，则应选该重要表面为粗基准。加工时希望只切去一层较小而均匀的余量，保留组织紧密耐磨的表层，且达到较高加工精度。可见应选导轨面为粗基准，此时床脚上余量不均匀并不影响床身质量。

（2）若工件必须首先保证加工表面与不加工表面之间的位置要求，则应选不加工表面为粗基准，因为不加工表面在工件上是不变的，加工表面是可变的，以不加工表面为基准，就可以达到壁厚均匀、外形对称等要求。若有好几个不加工表面，则粗基准应选用位置精度要求较高者。

（3）若工件上每个表面都要加工，则应以余量最小的表面作为粗基准，以保证各表面都有足够余量。

（4）选为粗基准的表面，应尽可能平整光洁，不能有飞边、浇口、冒口或其他缺陷，以便使定位准确，夹紧可靠。

（5）由于粗基准终究是毛坯表面，比较粗糙，不能保证重复安装的位置精度，定位误差很大，所以粗基准一般只允许使用一次，即所谓"粗基准一次性使用原则"。在某些情况下，若采用精化毛坯，而相应的加工要求不高，重复安装的定位误差在允许范围之内，那么粗基准也可灵活使用。

选择精基准时主要应考虑减少定位误差和安装方便准确。

精基准的选择原则是：

（1）应尽可能选用设计基准作为精基准，避免基准不重合生产的定位误差，这就是"基准重合原则"。

对于零件的最后精加工工序，更应遵循"基准重合原则"。例如机床主轴锥孔最后精磨工序应选择支承轴颈定位。

（2）应尽可能选用统一的定位基准加工各表面，以保证各表面间的位置精度，这就是"基准统一原则"。采用统一基准能用同一组基面加工大多数表面，有利于保证各表面的相互位置要求，避免基准转换带来的误差，而且简化了夹具的设计和制造，缩短了生产准备周期，轴类零件的中心孔，箱体零件的一面两销，都是统一基准的典型例子。

不论是粗基准或精基准，都应满足定位准确稳定的要求，为此定位基面应有足够大的接触面积和分布面积。接触面积大能承受较大切削力，分布面积大使定位稳定可靠、精度高。

基准选择的各项原则有时是互相矛盾的，必须根据实际条件和生产类型分析比较。综合考虑这些原则，达到定位精度高、夹紧可靠、夹具结构简单、操作方便的要求。

## （二）工艺路线的拟定

这是制定工艺规程的关键性一步。在具体工作中，应该提出多种方案进行分析比较，因为工艺路线不但影响加工的质量和效率，而且影响到工人的劳动强度、设备投资、车间面积、生产成本等，必须严谨从事，使拟定的工艺路线达到多、快、好、省的要求。

除定位基准的合理选择外，拟定工艺路线还要考虑下列四方面：

1. 加工方法的选择

根据每个加工表面的技术要求，确定其加工方法及分几次加工。表面达到同样质量要求的加工方法可以有多种，因而在选择从粗到精各加工方法及其步骤时要综合考虑各方面工艺因素的影响。

（1）各种加工方法的经济精度和表面粗糙度，使之与加工技术要求相当，各种加工方法的经济精度和表面粗糙度可参考有关标准。但必须指出，这是在一般情况下可达到的精度和表面粗糙度，在某些具体条件下是会改变的。而且随着生产技术的发展及工艺水平的提高，同一种加工方法所能达到的精度和表面粗糙度也会提高。

（2）工件材料的性质：例如淬火钢应采用磨削加工，有色金属则磨削困难，一般都采用金刚镗或高速精密车削进行精加工。

（3）要考虑生产类型，即生产率和经济性问题。在大批量生产中可采用专用的高效率设备，故平面和孔可采用拉削加工取代普通的铣、刨和镗孔方法。如果采用精化毛坯，如粉末冶金制造油泵齿轮、失蜡浇铸柴油机的小零件等，则可大大减少切削加工量。

（4）要考虑本厂本车间现有设备情况及技术条件。应该充分利用现有设备，挖掘企业潜力，但也应考虑不断改进现有方法和设备，推广新技术，提高工艺水平。

有时还应考虑其他一些因素如加工尺寸、加工表面物理机械性能的特殊要求、工件形状和重量等。例如加工不大的孔，第一道工序往往钻孔，但对于较大的孔，不可能钻削，毛坯制备（如铸造、锻造）时会预留孔，第一道工序就应该改为镗孔。

2. 加工阶段的划分

工艺路线按工序性质不同而划分成如下几个阶段：

（1）粗加工阶段：其主要任务是切除大部分加工余量，因此主要问题是如何获得高的生产率，此阶段加工精度低，表面粗糙度值大（IT12 级以下，$Ra$ 值 50 ~ 12.5 μm）。

（2）半精加工阶段：使主要表面消除粗加工留下的误差，达到一定的精度及精加工余量，为精加工作好准备，并完成一些次要表面如钻孔、铣键槽等的加工（IT10 ~ 12 级，$Ra$ 值 6.3 ~ 3.2 μm）。

（3）精加工阶段：使各主要表面达到图纸要求（IT7 ~ 10 级，$Ra$ 值 1.6 ~ 0.4 μm）。

（4）光整加工阶段：对于精度和光洁度要求很高如 IT6 级及 IT6 级以上精度、$Ra$ 值 0.2 μm 以上表面粗糙度的零件，采用光整加工。但光整加工一般不用于纠正几何形状和相互位置误差。

有时若毛坯余量特别大，表面极其粗糙，在粗加工前设有去皮加工阶段称为荒加工，并常常在毛坯准备车间进行。

划分加工阶段是因为：

（1）粗加工时切削余量大，切削用量、切削热及功率消耗都较大，因而工艺系统受力变形、热变形及工件内应力变形都严重存在，不可能达到高的加工精度和光洁度，要在后续阶段逐步减少切削用量，逐步修正工件误差，而阶段之间的时间间隔用于自然时效，有利于使工件消除内应力和充分变形，以便在后续工序中得到修正。

（2）划分加工阶段可合理使用机床设备。粗加工时可采用功率大、精度一般的高效率设备，精加工则采用相应的精密机床，发挥了机床设备各自的性能特点，也延长了高精度机床的使用寿命。

（3）零件工艺过程中插入必要的热处理工序，这样工艺过程以热处理工序为界自然地划分为上述各阶段，各具不同特点和目的。如精密主轴加工中，在粗加工后进行去应力时效处理，半精加工后进行淬火，精加工后进行冰冷处理及低温回火，最后再进行光整加工。

此外，划分加工阶段还有两个好处：

（1）粗加工可及早发现毛坯缺陷，及时报废或修补，以免继续精加工而造成浪费；

（2）表面精加工安排在最后，可防止或减少损伤。

上述阶段的划分不是绝对的，当加工质量要求不高、工件刚性足够、毛坯质量高、加工余量小时，可以不划分，例如自动机上加工的零件。有些重型零件，由于安装运输费时又困难，常在一次安装下完成全部粗加工和精加工，为减少夹紧力的影响，并使工件消除内应力及发生相应的变形，在粗加工后可松开夹紧，再用较小的力重新夹紧，然后进行精加工。

3. 工序的集中与分散

确定了加工方法和划分加工阶段之后，零件加工的各个工步也就确定了。如何把这些工步组成工序呢？也就是要进一步考虑这些工步是分散成各个单独工序，分别在不同的机床设备上进行，还是把某些工步集中在一个工序中在一台设备例如多刀多工位专用机床上进行。

工序集中的特点是：

（1）由于采用高效专用机床和工艺设备，大大提高了生产率；

（2）减少设备数量，相应地减少了操作工人数和生产面积；

（3）减少了工序数目，缩短了工艺路线，简化了生产计划工作；

（4）减少了加工时间，减少了运输路线，缩短了加工周期；

（5）减少了工件安装次数，不仅提高生产率，而且由于在一次安装中加工许多表面，易于保证它们之间的相互位置精度；

（6）专用机床和工艺设备成本高，其调整、维修费时费事，生产准备工作量大。

工序分散的特点恰恰相反：

（1）由于每台机床只完成一个工步，可采用结构简单的高效机床（如单能机床）和工装容易调整，也易于平衡工序时间，组织流水生产；

（2）生产准备的工作量小，容易适应产品更换；

（3）工人操作技术要求不高；

（4）设备数量多，操作工人多，生产面积大；

（5）生产周期长。

在一般情况下单件小批量生产只能是工序集中，但多采用通用机床。大批大量生产中可集中，也可分散。从生产技术发展的要求来看，一般趋向于采用工序集中原则来组织生产，成批生产中一般不能采用价格昂贵的专用设备使工序集中，但应尽可能采用多刀半自动车床、六角车床和多轴镗头等效率较高的机床，就是在通用机床上加工，也以工序适当集中为易。至于数控机床、加工中心机床，虽然价格昂贵，但由于它们具有灵活、高效，便于改变生产对象的特点，为多品种、小批量生产中进行集中工序自动化生产带来广阔的前景。

4. 加工顺序的安排

（1）切削加工顺序的安排应考虑下面几个原则：

①先粗后精。各表面的加工工序按前述从粗到精的加工阶段交叉进行；

②先主后次。工件上的装配基面和主要工作表面等先安排加工，而键槽、紧固用的光孔和螺孔等加工由于加工面小，又和主要表面有相互位置的要求，一般都应安排在主要表面达到一定精度之后，例如半精加工之后，但又应在最后精加工之前；

③基面先行。每一加工阶段总是先安排精基面加工工序，例如轴类零件加工中采用中心孔作为统一基准，因此每个加工阶段开始，总是先打中心孔、重打或修研中心孔，作为精基准，应使之具有足够高的精度和光洁度，并常常高于原来图纸上的要求，如精基面不止一个，则应按照基面转换次序和逐步提高精度的原则来安排，例如精密坐标镗床主轴套筒，其外圆和内孔就要互为基准反复进行加工；

④先面后孔。对于箱体、支架、连杆拨叉等一般及其零件，平面所占轮廓尺寸较大，用平面定位比较稳定可靠，因此其工艺过程总是选择平面作为定位精基面，先加工平面，再加工孔。

有些部件如坐标镗床主轴部件装配精度及技术要求很高，而且其组合零件多（包括套筒、主轴及轴承）、装配误差大，装配过程中由于零件变形又引起精度损失。若单靠提高单件加工精度来保证成品最终精度困难大、成本高，为此可采用"配套加工"方法，即有些表面的最后精加工安排在部件装配之后或总装过程中进行，例如主轴部件装配好后，以其轴承滚道为旋转基面精磨主轴前端锥孔。这样，加工时和使用时的旋转基面完全一致，达到了较高的技术要求。又如柴油机连杆的大头孔，其精镗和所磨工序应安排在与连杆盖装配后以及在压入轴承套后进行。

（2）热处理的安排。热处理的目的在于改变材料的性能和消除内应力，可分为：

①预备热处理，安排在加工前以改善切削性能，消除毛坯制造时的内应力。例如含碳量超过 0.5% 的碳钢，一般采用退火以降低硬度；含碳量 0.5% 以下的碳钢则采用正火，以提高硬度，使切削时切屑不粘刀。由于调质能得到组织细致均匀的回火索氏体，有时也用

作预备热处理，但一般安排在粗加工之后。

②最终热处理，安排在半精加工之后和磨削加工之前（氮化处理则在粗磨和精磨之间），主要用来提高材料的强度和硬度，如淬火–回火，各种化学热处理（渗碳、氮化）。因淬火后材料的塑性和韧性很差，有很高的内应力，容易开裂，组织不稳定，使其性能和尺寸发生变化，故淬火后必须进行回火。其中调质处理使材料获得一定的强度硬度，又有良好冲击韧性的综合机械性能，常用于连杆、曲轴、齿轮和主轴等柴油机、机床零件。

③去应力处理，包括人工时效，退火及高温去应力处理等。精度一般的铸件只须进行一次，安排在粗加工后较好，可同时消除铸造和粗加工的应力，减少后续工序的变形。精度要求较高的铸件，则应在半精加工后安排第二次时效处理，使精度稳定。精度要求很高的精密丝杆、主轴等零件，则应安排多次时效。对于精密丝杆、精密轴承、精密量具及油泵油嘴等，为了消除残余奥氏体、稳定尺寸，还要采用冰冷处理，即冷却到 –70℃ ~ –80℃，保温 1 ~ 2 h，一般在回火后进行。

（3）辅助工序的安排。检验工序是主要的辅助工序，是保证质量的重要措施。除了各工序操作者自检外，下列场合还应单独安排：①粗加工阶段结束之后；②重要工序前后；③送往外车间加工前后；④特种性能（磁力探伤，密封性等）检验；⑤加工完毕，进入装配和成品库时。此外，去毛刺、倒棱边、去磁、清洗、涂防锈油等都是不可忽视的辅助工序。

## （三）加工余量的确定

在由毛坯变为成品的过程中，在某加工表面切除的金属层的总厚度成为该表面的加工总余量，每一道工序切除的金属层厚度为工序间加工余量。外圆和孔等旋转表面的加工余量是指直径上的，故为对称余量，即实际所切除的金属层厚度时加工余量之半。平面的加工余量，则是单边余量，它等于实际切除的金属厚度。

由于各工序尺寸都有公差，故各工序实际切除的余量是变化的。工序工差一般规定为"入体"方向，即对于轴类零件的尺寸，工序公差取单向负偏差，工序的名义尺寸等于最大极限尺寸；对于孔类零件的尺寸，工序公差取单向正偏差，工序的名义尺寸等于最小极限尺寸。但毛坯制造偏差取正负值。据此规定，可作出图4-8。

可见无论轴类或孔类尺寸的工序余量公差总是上工序和本工序的公差之和。加工总余量的大小对制定工艺过程有一定影响，总余量不够，将不足以切除零件上有误差和缺陷的部分，达不到加工要求；总余量过大，不但增加了加工劳动量，也增加材料、工具和电力的消耗，从而增加了成本。

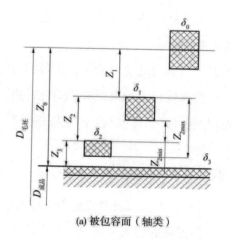
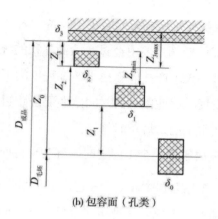

(a) 被包容面（轴类）　　　　　　　　　(b) 包容面（孔类）

图 4-8　工序尺寸

加工总余量的数值与毛坯制造精度有关，若毛坯精度差，余量分布极不均匀，必须规定较大的余量。加工总余量的大小还与生产类型有关，生产批量大时，总余量应小些，相应地要提高毛坯精度。

对于工序间余量，目前不采用计算方法来确定，一般工厂都按经验估计，当然也可参考有关手册推荐的资料。工序间余量同样应适当，特别是对于一些精加工工序，例如精磨、研磨、布磨、浮动镗削等，都有一个合适的加工余量范围，若余量过大，会使精加工时间过长，甚至反而破坏了精度和光洁度；余量过小则使工件某些部位加工不出来，此外由于余量不均匀，还影响加工精度，所以对精加工工序的余量大小和均匀性要有规定。

## （四）确定工序尺寸和公差

计算工序尺寸和标注公差是制定工艺规程的主要工作之一。工序尺寸是指零件在加工过程中各工序所应保证的尺寸，其公差按各种加工方法的经济精度选定，工序尺寸则要根据已确定的余量及定位基准的转换情况进行计算，可以归纳为三种情况：

①当定位基准和测量基准与设计基准不重合时进行尺寸换算所形成的工序尺寸；

②从尚须继续加工的表面标注的尺寸，实际上它是指基准不重合以及要保证留给一定的加工余量所进行的尺寸换算；

③某一表面需要进行多次加工所形成的工序尺寸。它是指加工该表面的各道工序定位基准相同，并与设计基准重合，只需要考虑各工序的加工余量。

## 二、工艺过程的时间定额

时间定额是在一定的技术和生产组织条件下制定出来的完成单件产品或单个工序所

规定的工时，它是安排生产计划、计算产品成本和企业经济核算的重要依据之一，也是新设计或扩建工厂或车间时决定设备和人员数量的重要资料。

时间定额主要由经过实验而累积的统计资料及进行部分计算来确定，合理的时间定额能促进工人生产技能和技术熟练程度的不断提高，发挥他们的积极性和创造性，进而推动生产发展。因此制订的时间定额要防止过紧和过松两种倾向，应具有平均先进水平，并随着生产水平的发展及时修订。

完成零件一个工序的时间称为单件时间。它包括下列组成部分：

（1）基本时间$T_基$——它是直接用于改变零件尺寸、形状或表面质量等所耗费的时间。对切削加工来说，就是切除余量所耗费的时间，包括刀具的切入和切出时间在内，又可称为机动时间，一般可用计算方法确定。

（2）辅助时间$T_辅$——指在各个工序中为了保证基本工艺工作所需要做的辅助动作所耗费的时间，所谓辅助动作包括装卸工件、开停机床、改变切削用量、进退刀具、测量工件等。基本时间和辅助时间之和称为工序操作时间。

（3）工作地点服务时间$T_服$——指工人在工作班时间内照管工作地点及保证工作状态所耗费的时间。例如在加工过程中调整刀具、修正砂轮，加工前后的润滑及擦拭机床、清理切屑、刃磨刀具等。这时间可按工序操作时间的$\alpha$%（2%~7%）来估算。

（4）休息和自然需要时间$T_休$——指在工作班时间内所允许的必要的休息和自然需要时间。也可取操作时间的$\beta$%（约2%）来估算。

因此单件时间是：$T_{单件} = T_基 + T_辅 + T_服 + T_休$

成批生产中还要考虑准备终结时间$T_{准终}$。准备终结时间是指成批生产中每当加工一批零件的开始和终了时间，需要一定的时间做下列工作：熟悉工艺文件，领取毛坯材料，安装刀具、夹具。调整机床，加工结束时需要拆卸和归还工艺装备，发送成品等。准备终结时间对一批零件只消耗一次。零件批量$n$越大，分摊到每个工艺零件上的准备终结时间$T_{准终}/n$就越少。所以成批生产的单间时间定额为：

$$T=T_{单件}+T_{准终}/n=（T_基+T_辅）[1+（\alpha+\beta）/100]+T_{准终}/n$$

在大量生产中，每个工作地点完成固定的一个工序，不需要上述准备终结时间，所以其单件时间定额为：

$$T=T_{单件}=（T_基+T_辅）[1+（\alpha+\beta）/100]$$

# 第四节 机械加工劳动生产率的技术措施与数控工艺

## 一、提高机械加工劳动生产率的技术措施

劳动生产率是指一个工人在单位时间内生产出的合格产品的数量，或用完成单件产品或单个工序所耗费的劳动时间来衡量。劳动生产率与时间定额互为倒数。

提高劳动生产率必须处理好质量、生产率和经济性三者的关系。要在保证质量的前提下提高生产率，在提高生产率的同时又必须注意经济效果，此外，还必须注意减轻工人劳动强度，改善劳动条件。

劳动生产率是衡量生产效率的一个综合性技术经济指标，因而提高劳动生产率不单是一个技术问题，还需要进行很多复杂细致的工作。例如，采用先进的制造系统模式，改善企业管理和劳动组织，开展技术革新，同时要在产品设计、毛坯制造和机械加工等方面采取技术措施。

### （一）缩短单件时间定额

缩短单件时间定额中的每一个组成部分都是有效的，但应首先集中精力去缩减占工时定额比重较大的那部分时间。例如，某厂在普通车床上进行某一零件的小批生产时，基本时间占 26%，辅助时间占 50%，这时就应着重在缩减辅助时间上采取措施；当生产批量较大时，例如在多轴自动车床上加工，基本时间占 69.5%，辅助时间仅 21%，这样就应采取措施来缩短基本时间。一般而言，单件小批生产的辅助时间和准备终结时间占较大比例，而大批大量生产中基本时间较大。

1. 缩减基本时间的工艺措施

（1）提高切削用量

目前硬质合金车刀的切削速度可达 200 m／min，陶瓷刀具为 500 m／min。近年发展的聚晶金刚石和聚晶立方氮化硼，切削普通钢材时可达 90 m／min，而加工 HRC 60 以上的淬火钢、高镍合金时，能在 980 ℃时仍保持其红硬性，切削速度 90 m／min 以上。高速滚齿机的切削速度已达 65 ~ 75 m／min，例如，国外的一种高速滚齿机切削速度达 305 m／min，滚切一只直径 50 mm、厚度 20 mm，模数为 2 mm 的齿轮，仅用 18 s。磨削的发展趋势是在不影响加工精度的条件下，尽量采用强力磨削，提高金属切除率，磨削速

度已达 60 m / min 以上，有一种卧轴平面磨床，金属切除率可达 656 cm³ / min，连续磨削的一次切深可达 6 ～ 12 mm，最高可达 37 mm。

采用高速强力切削可以大大提高效率，但是机床刚度也必须大大增强，驱动功率也要加大。这样机床结构和布局也要随之改变，须设计新型机床，如果要在原有机床上进行强力切削，需要经过充分的科学试验和机床改装。

（2）减少切削行程长度

例如，用几把车刀同时加工同一个表面，用宽砂轮切入法磨削等，均可大大提高生产率。某厂用宽 300 mm、直径 600 mm 的砂轮用切入法磨花键轴上长度为 200 mm 的表面时，单件时间由 45 min 减少到 45 s。用切入法加工时要求工艺系统具有足够的刚性和抗振性，横向进给量要减少，以防上振动，同时要增大主电机功率。

（3）合并工步与合并走刀，采用多刀多工位加工

利用几把刀具或复合刀具对工件的几个表面或同一表面同时或先后进行加工，使工步合并，实现工序集中，使机动和辅助时间减少，又因为减少了工位数和工件安装次数，有利于提高加工精度。

2.缩减辅助时间的工艺措施

加工过程中有大量的辅助动作，因此辅助时间往往占较大的比重，缩减辅助时间是提高劳动生产率的重要方面，所采取的工艺措施可分为两方面：一是通过辅助动作机械化、自动化来直接减少辅助时间；二是采取措施使辅助时间与基本时间相重合。

（1）采用先进夹具。采用先进夹具能大大减少工件的装卸找正时间，而且可以确保加工质量。

（2）采用多工位夹具。采用多工位夹具如回转工作台或转位夹具等，当一个工位上的工件在进行加工时，可同时在另一工位中装卸工件，从而使辅助时间与基本时间相重合。

（3）采用快速换刀、自动换刀装置。

（4）采用主动检验或自动测量装置，实现在线、自动测量，不但能提高劳动生产率，还能有效保证加工精度。

（5）采用机械手甚至机器人进行上下料，在工件较大、较重的情况下往往能显著地降低辅助时间。

3.缩减准备终结时间的工艺措施

加大零件批量可以减少分到每一个零件上的准备终结时间，在中小批生产中，由于批量小，产品经常更换，使准备终结时间在单件时间中占了一定的比重，针对这种情况，应

尽量使零部件通用化、标准化，增加批量，同时应采用成组加工技术，以便采用大批大量生产的设备和工艺，提高生产率。

对于减少每批工件投产的准备终结时间来说，可采取下列措施：

（1）使夹具和刀具调整通用化，即使没有全面实行成组工艺，也可在局部范围内，把结构形状、技术条件和工艺过程类似的零件划归为一类，设计通用的夹具和刀具。当调换另一种零件时，夹具和刀具可不调整或只须少许调整。

（2）采用刀具微调结构和对刀辅助工具，尤其在多刀加工中，可使调整对刀时间减少。

（3）减少夹具在机床上的安装找正时间。例如利用机床工作台 T 形槽作为夹具的定位面，这时夹具体上应有定位键，安装夹具时，只当将定位键靠向 T 形槽一侧即可，这样不必找正夹具，还可提高定位精度。

（4）采用准备终结时间极少的先进加工设备，如液压仿形刀架、插销板式程序控制机床和数控机床等。

## （二）采用先进工艺方法

采用先进工艺或新工艺常可成倍地甚至十几倍地提高生产率。例如：

①特种加工应用在某些加工领域内，例如对于特硬、特脆、特韧材料及复杂型面的加工，能极大地提高生产率，如用电火花加工锻模，线切割加工冲模等，都减少了大量钳工劳动，用电解加工锻模，使单件加工时间由 40 ~ 50 h 减少为 1 ~ 2 h。

②在毛坯制造中采用冷挤压、热挤压、粉末冶金、失蜡浇铸、压力铸造、精锻和爆炸成型等新工艺，能大大提高毛坯精度，从根本上减少大部分机械加工劳动量，节约原材料，经济效果十分显著。例如 BC–25 齿轮油泵的两个圆柱直齿轮，精度等级为 H7，材料为 40Cr 锻件，由于批量较大，采用自动线加工。

③采用少无切削工艺代替切削加工方法。例如用冷挤压齿轮代替剃齿，表面粗糙度可达 $Ra$ 0.8 ~ 0.4 μm，生产率提高 4 倍，此外还有滚压、冷轧等。

④改进加工方法。例如在大批大量生产中采用拉削、滚压代替铣、铰和磨削，成批生产中采用精刨、精磨或金刚镗代替刮研，都可大大提高生产率。如某车床主轴铜轴承套采用金刚镗代替刮研后表面粗糙度 $Ra$ 为 0.1 μm 以下，锥度和椭圆度小于 0.003 mm，装配后与主轴接触面积达 80%，而生产率提高了 32 倍。

⑤实现机械加工自动化、智能化。例如采用数控机床、加工中心等实现高效率、高精度的生产。

## 二、数控加工工艺

### （一）数控加工的特性

随着机械工业的发展，数控加工技术的应用越来越广泛，使得制造业向着数字化方向不断迈进。由于数控加工采用了计算机控制系统和数控机床，使数控加工具有加工自动化程度高、精度高、质量稳定、生产效率高等优势。

①数控机床是按照预先编写的零件加工程序自动加工，具有高的加工精度，通过机电控制、应用软件进行精度校正和补偿等，可以避免人为因素带来的误差，实现稳定的加工质量。

②数控加工具有高的生产效率，加工时可以采用大切削用量，加之换刀等辅助动作的自动化，减轻操作者的劳动强度，与普通机床相比数控机床的生产率可以提高 2 ~ 3 倍。尤其是对一些复杂零件的加工，如复杂型面模具、整体涡轮、发动机叶片等其生产率可提高十几倍甚至几十倍。

③通过改变加工程序能适应不同零件的自动加工，具有广泛的适应性和较大的灵活性，可大大缩短生产周期，有利于实现对市场的快速响应。

④一机多用，尤其是数控机床加上刀库和自动换刀装置，具备好几种普通机床的功能，可以大大地减少在制品的数量，也节省了厂房面积。

⑤工序集中，一次装夹后几乎可以完成零件的全部加工，节省了劳动力以及工序间运输、测量和装夹等辅助时间。

在数控机床上加工零件时，首先根据零件的加工图样确定零件的加工工艺、工艺参数和刀具位移数据，再按数控系统的指令格式编写数控加工程序，可在机床操作面板上输入加工程序或在计算机上输入程序再利用通信软件传输给数控系统，在数控系统内控制软件的支持下，对程序进行处理和计算，给伺服系统发出相应的信号，控制机床按所要求的轨迹运动，完成零件的加工。

### （二）数控机床的分类

#### 1.按机床运动轨迹分类

（1）点位控制系统

点位控制系统又称为点到点控制系统。刀具从起点向终点移动时，对其移动过程不进行限定，对其移动速度也无严格要求，不论其中间的移动轨迹如何，只要求刀具最后能准确地到达终点。点位控制可以先移动一个坐标轴，再沿另一个坐标轴移动，也可多个坐标轴同时移动甚至沿空间曲线移动。通常是以快速沿直线运动，以缩短点位时间。数控钻床、数控坐标镗床和数控冲剪床等均采用点位控制系统。

（2）直线控制系统

直线控制系统控制刀具或工作台以所要求的速度，沿平行于某一坐标轴方向进行直线切削，它也可沿与坐标轴成 45° 的斜线进行切削，但不能沿任意角度的直线进行直线切削。因此，直线控制系统除了要控制刀具或工作台的起点、终点的准确位置外，还要控制每一程序段的起点与终点的位移过程。直线控制系统通常也具备刀具半径补偿功能、主轴转速和进给量控制等功能。该类控制系统通常还具备点位控制功能，称为点位 – 直线控制系统。它主要用于数控车床、数控磨床、数控镗铣床等。

（3）轮廓控制系统

轮廓控制系统又称为连续控制系统。这类控制系统能同时对两个或两个以上的运动坐标的位移及速度进行连续的控制，因而可以进行空间曲线或曲面的加工，各类数控车削加工中心、数控镗铣加工中心都采用轮廓控制系统。

2. 按伺服控制系统类型分类

伺服控制机构分为开环、半闭环和闭环三种类型。

（1）开环控制系统

开环控制系统为无位置反馈的系统，其驱动元件主要是功率步进电动机或电液脉冲马达。开环系统由环形分配器、步进电动机功率放大器、步进电动机、丝杆螺母传动副所组成。

当步进电动机或电液脉冲马达接收到 CNC 送来的一个指令脉冲后，即可转动一个单位步距，相对于一个角度位移当量。CNC 连续发送脉冲，就会实现连续转动，转过的角度与脉冲的个数成正比。进给脉冲的频率决定了运动的速度。

开环控制系统的结构简单，易于控制，调整与维修方便，但由于没有位置检测装置，精度差（位置精度主要取决于传动链的精度和步进电动机的步距角精度）。这种系统的脉冲当量（分辨率为 1 个脉冲移动的位移量）多数为 0.01 mm，定位精度大于 ±0.02 mm，被广泛应用于精度要求不太高的经济型数控机床上。

（2）半闭环伺服控制系统

半闭环伺服控制系统使用安装在进给丝杠或电动机轴端的角位移测量元件（如旋转变压器、脉冲编码器、圆光栅等）来代替安装在机床工作台上的直线测量元件，用测量丝杠或电动机轴的旋转角位移来代替工作台的直线位移。测量信号反馈回控制系统的比较器进行比对计算，根据计算结果发出控制信号去修正伺服电机转速，使其工作状态能动态跟踪理想状态。

显然，半闭环伺服控制系统的控制精度要高于开环控制系统，但由于系统获取的反馈信号没有来自机床工作台的直线位移，所以未能包括丝杠螺母传动副这个转动位移—直线位移转换环节所特有的非线性误差，使得控制精度受到限制。

（3）闭环伺服控制系统

闭环伺服控制系统是误差控制的随动系统。测量装置可采用感应同步器或光栅等直线测量元件，反馈信号直接来自机床工作台，能反映各个环节误差的综合影响，因此控制精度较高。目前，这种系统的分辨率一般在 1 μm 以上，定位精度可达 ±0.005 ~ 0.01 mm。但这种系统调试复杂、成本较高，多用于精度要求较高的数控机床，如加工中心等。

闭环伺服控制系统对机械结构及传动系统的要求比半闭环要高，当采用直线电动机作为驱动系统的执行器件，可以完全取消传动系统中将旋转运动变为直线运动的环节，实现所谓的"零传动"，从根本上消除传动机构的非线性误差对精度、刚度、快速性、稳定性的影响，获得更高的定位精度。

3. 按控制坐标数分类

控制坐标数是指同时能控制且相互独立的轴数。可分为 2 轴、2.5 轴、3 轴、4 轴和 5 轴等数控机床。

2 轴控制是指控制两个坐标轴加工曲线轮廓零件，如同时控制 X 轴和 Z 轴的数控车床、同时控制 Z 轴和 Y 轴的数控线切割机床等。

2.5 轴控制是指两个轴连续控制、第三个轴点位或直线控制，从而实现三个轴 X、Y、Z 内的两维控制，使用这种控制方式的有经济型数控铣床、数控钻床等。

3 轴控制是指实现三个坐标轴联动控制，用于加工一般的空间曲面，典型的有数控立式升降台铣床等。

4 轴、5 轴控制称为多轴控制，既有移动坐标控制，也有旋转坐标控制。5 轴控制是在三个移动坐标 X、Y、Z 之外，再加上两个旋转坐标刀具可以给定在空间任意点处的任意方向，可用来加工极为复杂的空间曲面，如叶片、叶轮等。

## （三）数控加工工艺特点

数控加工工艺在与传统加工工艺在基本理论和框架方面具有共性的同时，又有其专门的特点。

在生产实际中，数控加工一般适用于下列加工范围：

①多品种、变批量生产的零件；

②用数学模型描述的空间复杂曲面轮廓零件；

③加工精度要求高，通用机床不易加工的零件；

④具有不敞开内腔的零件；

⑤位置精度要求高，必须在一次装夹中完成多工序加工的零件；

⑥零件价值较高，一旦报废将造成重大经济损失的零件；

⑦在通用机床上加工时必须有复杂的、昂贵的专用工装的零件；

⑧需要多次更改后才能定型的零件。

数控加工工艺内容要求更加具体、详细、严密、精确，这是因为数控加工工艺自适应性较差，加工过程中可能遇到的所有问题必须事先精心考虑。在编制数控加工工艺时，所有工艺问题必须事先设计和安排好，并编入加工程序中，也就是说，在传统加工工艺中可以由操作工人在加工中灵活掌握并可通过适时调整来处理的许多具体工艺问题和细节，在数控加工时就转变为编程人员必须事先设计和安排的内容。在自动编程中更需要确定详细的各种工艺参数。

制定数控加工工艺要进行零件图形的数学处理和编程尺寸设定值的计算，编程尺寸并不是零件图上设计的尺寸的简单再现，要根据零件尺寸公差要求和零件的形状几何关系重新调整计算，以确定合理的编程尺寸。

制定数控加工工艺时，选择切削用量要考虑进给速度对加工零件形状精度的影响。在数控加工中，刀具的移动轨迹是由插补运算完成的。根据插补原理，在数控系统已定的条件下，进给速度越快，则插补精度越低，导致工件的轮廓形状精度越差。尤其在高精度加工时这种影响非常明显。

数控机床尤其是加工中心的功能复合化程度越来越高，因此数控加工工艺的明显特点是工序相对集中，表现为工序数目少，工序内容多，所以数控加工的工序内容比普通机床加工的工序内容复杂。

由于数控机床加工的零件比较复杂，因此在确定装夹方式和夹具设计时，要特别注意刀具与夹具、工件的干涉问题。

数控加工工艺的编制还须注意下面几点：

（1）零件图上尺寸标注应适应数控编程的特点。在数控加工零件图上，应以同一基准引注尺寸或直接给出坐标尺寸，这种标注方法既便于编程，又便于尺寸之间的相互协调，在保持设计基准、工艺基准、检测基准与编程原点设置的一致性方面带来很大方便。由于零件设计人员一般在尺寸标注中较多地考虑装配等使用特性方面的要求，因此常采用局部分散的标注方法，这样就会给工序安排与数控加工带来许多不便。由于数控加工精度和重复定位精度都很高，不会因产生较大的积累误差而破坏使用特性，因此需要将局部的分散标注法改为同一基准标注尺寸或直接给出坐标尺寸的标注法。

（2）构成零件轮廓的几何元素的条件应充分。在手工编程时要计算基点或节点坐标，在自动编程时要对构成零件轮廓的所有几何元素进行定义。因此在分析零件图时，要分析几何元素的给定条件是否充分。例如圆弧与直线、圆弧与圆弧在图样上相切，但如果根据图纸给出的尺寸，在计算相切条件时，变成了相交或相离状态，这就说明构成零件几何元素条件不充分，使编程时无法下手。遇到这类情况时，应与零件设计者协商解决。

（3）零件各加工部位的结构工艺性应符合数控加工的特点。

①零件的内腔和外形最好采用统一的几何类型和尺寸，这样可以减少刀具规格和换刀次数，使编程方便，生产效率提高。

②内槽圆角的大小决定着刀具直径的大小，因而内槽圆角半径不应过小。零件工艺性的好坏与被加工轮廓的高低、转接圆弧半径的大小等有关。

③用铣刀铣削零件的底平面时，槽底圆角半径 $r$ 不应过大，因为 $r$ 越大，铣刀端刃铣削平面的能力越差，加工效率也越低。

④被加工零件应采用统一的定位基准。在数控加工中，若没有统一基准定位，会因工件的重新安装而导致加工件的两个面上轮廓位置及尺寸不协调现象。因此要避免上述问题的产生，保证两次装夹加工后其相对位置的准确性，应采用统一的基准定位。

零件上最好有合适的孔作为定位基准孔，若没有，要设置工艺孔作为定位基准孔（如在毛坯上增加工艺凸台或在后续工序要铣去的余量上设置工艺孔）。若无法制出工艺孔时，至少也要用经过精加工的表面即所谓精基准作为统一基准，以减少两次装夹产生的误差。

此外，还应分析零件所要求的加工精度、尺寸公差等是否可以得到保证，有无引起矛盾的多余尺寸或影响工序安排的封闭尺寸等。

# 第五章 数控机床故障诊断与维修

数控机床故障是指数控机床丧失了达到自身应有功能的某种状态，它包含两层含义：一是数控机床功能降低，但没有完全丧失功能，产生故障的原因可能是自然寿命、工作环境的影响、性能分数的变化、误操作等因素；二是故障加剧，数控机床已不能保证其基本功能，因此称为失效。在数控机床中，有些个别部件的失效不至于影响整机的功能，而关键部件失效会导致整机丧失功能。

## 第一节 数控机床故障诊断与维修的含义

### 一、故障的分类

根据机床部件故障性质以及故障原因等对常见故障做如下分类：

（一）按数控机床发生故障的部件分类

1. 主机故障

数控机床的主机部分，主要包括机械、润滑、冷却、排屑、液压、气动与防护等装置。常见的主机故障有：因机械安装，调试，实际操作使用不当等引起的机械传动故障，以及导轨运动摩擦过大而引起的故障。其故障表现为传动噪声大，加工精度差，运行阻力大。例如，轴向传动链的挠性联轴器松动，齿轮、丝杠与轴承缺油，导轨塞铁调整不当，导轨润滑不良，以及系统参数设置不当等原因均可造成以上故障。尤其应该引起重视的是，机床各部位标明的注油点（注油孔）须定时、定量加注润滑油，这是机床各传动链正常运行的保证。另外，液压润滑与气动系统的故障主要是管路阻塞和密封不良，因此，数控机床更应加强污染控制并根除"三漏"现象的发生。

2. 电气故障

电气故障可分为弱电故障和强电故障。弱电部分主要指 CNC 装置、PLC 控制器、CRT 显示器以及伺服单元、输入／输出装置等电路，这部分又有硬件故障与软件故障之分。

硬件故障主要指上述各装置的印制电路板上的集成电路芯片，分离元件、接插件以及外部连接组件等发生的故障。常见的软件故障有加工程序出错，系统程序和参数的改变或丢失，计算机的运算出错等。强电部分是指继电器、接触器、开关、熔断器、电源变压器、电动机、电磁铁、行程开关等电器元件以及所组成的电路，这部分的故障十分常见，必须引起足够的重视。

### （二）按数控机床发生的故障的性质分类

#### 1. 系统故障

系统故障通常是指只要满足一定的条件或超过某一设定的限度，工作中的数控机床必然会发生故障，这类故障经常发生。例如，液压系统的压力值随着液压回路过滤器的阻塞而降到某一设定参数时，必然会发生液压系统故障报警，使系统断电停机。又如，机床加工中因切削量过大达到某一极限值时必然会发生过载或超温报警，致使系统迅速停机。因此，正确使用与精心维护是杜绝或避免这类系统故障发生的切实保障。

#### 2. 随机性故障

随机性故障通常是指数控机床在同样条件下工作时只偶然发生一次或两次的故障，有的文献上称为"软故障"。由于此类故障在各种条件相同的状态下只偶然发生一两次，因此随机性故障的原因分析和故障诊断较其他故障困难得多。一般而言，这类故障的发生往往与安装质量、组件排列、参数设定、元器件的质量、操作失误、维护不当以及工作环境影响等因素都有关。例如，连接插件与连接组件因疏忽未加锁定，印制电路板上的元件松动变形或焊点虚脱，继电器触点，各类开关触点因污染锈蚀以及直流电动机电刷不良等造成的接触不可靠等。另外，工作环境温度过高或过低，湿度过大，电源波动与机械振动，有害粉尘与气体污染等原因均可引发此类偶然性故障。因此，加强数控系统的维护检查，确保电气箱门的密封，以及严防工业粉尘及有害气体的侵袭等，均可避免此类故障的发生。

### （三）按报警发生后有无报警显示分类

#### 1. 有报警显示的故障

这类故障可分为两种：硬件报警显示与软件报警显示。

##### （1）硬件报警显示故障

这种故障通常是指各单元装置的警示灯（一般由 LED 发光管或小型指示灯组成）的指示。在数控系统中有许多用于指示故障部位的警示灯，如控制操作面板，位置控制印制电路板，伺服控制单元、主轴单元，电源单元等部位，以及光电阅读机、穿孔机等外设都常设有这类警示灯。一旦数控系统的这些警示灯指示故障状态后，借助相应部位上的警示均可大致分析判断出故障的部位与性质，这无疑给故障分析诊断带来极大的方便。因此，维修人员日常维护和排除故障时，应认真检查这些警示灯的状态是否正常。

（2）软件报警显示故障

这种故障通常是指在 CRT 上显示出来的报警号和报警信息。由于数控系统具有自诊断功能，一旦检测到故障，立即按故障的级别进行处理，同时在 CRT 上以报警号形式显示该故障信息。这类报警常见的有：存储器警示、过热警示、伺服系统警示、轴超程警示、程序出错警示、主轴警示、过载警示以及断线警示等。通常少则几十种，多则上千种，这无疑为故障判断和排除提供了极大的帮助。

上述软件报警有来自 NC 的报警和来自 PLC 的报警。前者，为数控部分的故障报警，可通过所显示的报警号，对照维修手册中有关 NC 故障报警及原因方面内容，确定可能产生该故障的原因；后者，PLC 报警显示由 PLC 的报警信息文本所提供，大多数属于机床侧的故障报警，可通过所显示报警号，对照维修手册中有关 PLC 的故障报警信息 PLC 接口说明以及 PLC 程序等内容，检查 PLC 有关接口和内部继电器的状态，确定该故障所产生的原因。通常，PLC 报警发生的可能性要比 NC 报警高得多。

2. 无报警显示的故障

这类故障发生时由于无任何软件和硬件的报警显示，因此分析诊断难度较大。例如，机床通电后，在手动方式或自动方式运行时，X 轴出现爬行，无任何报警显示。又如，机床在自动方式运行时突然停止，而在 CRT 上又无任何报警显示。还有在运行机床某轴时发出异常声响，一般也无故障报警显示等。一些早期的数控系统由于自诊断功能不强，尚未采用 PLC 控制器，无 PLC 控制器，无 PLC 报警信息文本，出现无报警显示的故障情况会更多一些。

对于无报警显示故障，通常要具体情况具体分析，要根据故障发生的前后变化状态进行分析判断。例如，上述 X 轴在运行时出现爬行现象，可首先判断是数控部分故障还是伺服部分故障。具体做法是：在手摇脉冲进给方式中，可均匀地旋转手摇脉冲发生器，同时观察比较 CRT 显示器上 Y 轴、Z 轴与 X 轴进给数字的变化速率。通常，如数控部分正常，三个轴的上述变化速率应基本相同，从而可确定爬行故障是 X 轴的伺服部分还是机械传动所造成的。

### (四) 按故障发生的原因分类

**1. 数控机床自身故障**

这类故障的发生是由数控机床自身的原因引起的，与外部使用环境条件无关。数控机床所发生的绝大多数故障均属此类故障，但应区别有些故障并非机床本身而是外部原因所造成的。

**2. 数控机床外部故障**

这类故障是由外部原因造成的。例如，数控机床的供电电压过低，波动过大，相序不对或三相电压不平衡；周围环境温度过高，有害气体、潮气、粉尘侵入；外来振动和干扰，如电焊机所产生的电火花干扰；这些因素均有可能使数控机床发生故障。另外，还有人为因素所造成的故障，如操作不当，手动进给过快造成超程报警，自动进给过快造成过载报警；又如，操作人员不按时按量给机床机械传动系统加注润滑油，易造成传动噪声或导轨摩擦系数过大，而使工作台进给电机过载。

除上述常见故障分类外，还可按故障发生时有无破坏性来分，可分为破坏性故障和非破坏性故障；按故障发生的部位分，可分为数控装置故障，进给伺服系统故障，主轴系统故障，刀架、刀库、工作台故障，等等。

## 二、故障的诊断原则

在故障检测过程中，应充分利用数控系统的自诊断功能，如系统的开机诊断、运行诊断、PLC 的监控功能等，同时还应掌握以下原则：

### (一) 先外部后内部

数控机床是机械、液压、电气一体化的机床，故其故障的发生必然要从这三方面反映出来。数控机床的检修要求维修人员掌握"先外部后内部"的原则，即当数控机床发生故障后，维修人员应先用望、听、闻等方法，由外向内逐一进行检查。比如，数控机床中外部的行程开关、按钮开关，液压气动元件以及印制电路板连接部位，因其接触不良造成信号传递失灵，是产生数控机床故障的重要因素。此外，工业环境中，由于温度、湿度变化较大，油污或粉尘对印制电路板的污染，机械的振动等对信号传送通道的接插件都将产生严重影响，检修中要重视这些因素，首先检查这些部位。另外，尽量减少随意的启封、拆卸，尤其是不适当的大拆大卸。

## （二）先机械后电气

由于数控机床是一种自动化程度高、技术复杂的先进机械加工设备，一般来讲，机械故障较易察觉，而数控故障诊断则难度较大些。"先机械后电气"就是在数控机床的维修中，首先检查机械部分是否正常、行程开关是否灵活、气动液压部分是否正常等。数控机床的故障中有很大一部分是机械动作失灵引起的，因此，在故障检修之前，应首先注意排除机械的故障。

## （三）先静后动

维修人员本身要做到"先静后动"，不可盲目动手，应先询问机床操作人员故障发生的过程及状态，阅读机床说明书、图纸资料，进行分析后才可动手查找和处理故障。对有故障的机床也要本着"先静后动"的原则，先在机床断电的静止状态下，通过观察、测试和分析，确认为非恶性循环性故障或非破坏性故障后，方可给机床通电；在通电后的运行工况下进行动态的观察、检验和测试，查找故障。而对恶性破坏性故障，必须先排除危险方可通电，在运行工况下进行动态诊断。

## （四）先公用后专用

公用问题往往会影响全局，而专用问题只影响局部。如当机床的几个进给轴都不能运动，这时应首先检查和排除各轴公用的 CNC、PLC、电源，液压等公用部分的故障，然后再设法排除某轴的局部问题。又如，电网或主电源是全局性的，因此，一般应首先检查电源部分，检查熔丝是否正常，直流电压输出是否正常。总之，只有先解决影响一大片的主要矛盾，局部的、次要的矛盾才可迎刃而解。

## （五）先简单后复杂

当出现多种故障互相交织掩盖而一时无从下手时，应首先解决容易的问题，后解决难度较大的问题。在解决简单故障过程中，难度大的问题也可变得容易，或者在排除简易故障时受到启发，对复杂故障的认识更为清晰，从而也有了解决办法。

## （六）先一般后特殊

在排除某一故障时，要首先考虑最常见的可能原因，然后再分析很少发生的特殊原因。例如，一台 FANUC-OT 数控车床 Z 轴回零不准，常常是由减速挡块位置走动造成的。一旦出现这种故障，应先检查该挡块位置，在排除这一常见的可能性之后，再检查脉冲编码器，位置控制环节。

## 三、故障的诊断步骤

数控机床的维修人员在长期的工作中，自觉地形成一种适合自己的思维、性格的工作顺序，在诊断故障时所采用的步骤会因人而异；但一般来说，还是有其共性的步骤。当机床出现故障时，从管理的角度，应使操作人员停止机床运行，保留现场，除非系统电气严重的故障（如短路、元件烧毁），都不应切断机床的电源。由维修人员到现场分析机床当时的运行状态，对故障进行确认，在此过程中应注意以下的故障信息：

①故障发生时，报警号和报警提示是什么？哪些指示灯和发光管指示了什么报警？②如无报警，系统处于何种状态？系统的工作方式诊断结果（如 FANUC-OC 系统的 DGN700、DGN701、DGN712 号诊断内容）是什么？③故障发生在哪一个程序段？执行何种指令？故障发生前进行了何种操作？④故障发生在何种速度下？轴处于什么位置？与指令的误差量有多大？⑤以前是否发生过类似故障？现场有无异常现象？故障是否重复发生？⑥有无其他偶然因素，如突然停电、外线电压波动较大、某部位进水等。

在调查故障现象，掌握第一手材料的基础上分析故障的起因，故障分析可采用归纳法和演绎法。归纳法是从故障原因出发，寻找其功能联系，调查原因对结果的影响，即根据可能产生该故障的原因分析，看其最后是否与故障现象相符来确定故障点。演绎法是从所发生的故障现象出发，对故障原因进行分割式的分析方法，即从故障现象开始，根据故障机理，列出可能产生该故障的原因，然后对这些原因逐点进行分析，排除不正确的原因，最后确定故障点。

## 四、故障的诊断方法

下面简单介绍在数控机床的维修中经常用到的一些方法，结合后面各节的具体维修模块，说明各种方法的适应范围。

### （一）观察检查法

观察检查法指检查机床的硬件的外观、特性、连接等直观及易测的部分，检查软件的参数数据等。

### （二）PLC 程序法

PLC 程序法指借助 PLC 程序分析机床故障，这要求维修人员必须掌握数控机床的 PLC 程序的基本指令和功能指令及接口信号的含义。

## （三）接口信号法

接口信号法要求维修人员掌握数控系统的接口信号含义及功能、PLC 和 NC 信号交换的知识。

## （四）试探交换法

试探交换法适用对某单元、模块进行故障判断时，要求维修人员确定插拔这些单元和模块可能造成的后果（如参数丢失等），事先采取措施，确定更换部件的设定，交换后应将这些设定值设置成与交换前一致。

# 第二节 利用 PLC 进行数控机床的故障检测

## 一、与 PLC 有关的故障特点

PLC 在数控机床上起到连接 NC 与机床的桥梁作用。一方面，它不仅接受 NC 的控制指令，还要根据机床侧的控制信号，在内部顺序程序的控制下，给机床侧发出控制指令，控制电磁阀、继电器、指示灯，还要将状态信号发送到 NC；另一方面，在这大量的开关信号处理过程中，任何一个信号不到位，任何一个执行元件不动作，都会使机床出现故障。在数控机床的维修过程中，这类故障占有较大的比例，掌握用 PLC 查找故障是很重要的，在本书中用较大篇幅介绍 PLC 与接口知识也是基于这一点。

与 PLC 有关的故障，应首先确认 PLC 的运行状态。例如，一台 FANUC-10 系统的加工中心，机床通电后，所有外部动作都不能执行（没有输出动作），因为该系统可以调用梯形图编辑功能，在编辑状态 PLC 是不能执行程序的，也不会有输出，经过检查，系统设定为 PLC 手动启动状态。在正常情况下，PLC 应该设为自动启动状态，将相应设置改为自动启动后，机床正常。还有当 PLC 因异常原因产生中断，自己不能完成自启动过程时，需要通过编程器进行启动，这就要求维修人员维修数控系统前对相应数控系统的运行原理有一定的了解。

在 PLC 正常运行情况下，分析与 PLC 相关的故障时应先定位不正常的输出结果。例如，机床进给停止，是因为 PLC 向系统发出了进给保持的信号；机床润滑报警，是因为 PLC 输出了润滑监控的状态；换刀中间停止，是因为某一动作的执行元件没有接到 PLC 的输出信号。定位了不正常的结果，即故障查找的开始，这一点说起来很简单，做起来需要维修人员掌握 PLC 接口知识，掌握数控机床的一些顺序动作的时序关系。从输出点开始检查系统是否有输出信号，如果有但没执行，则从强电部分的电路图去查；如果该步动作没输出，则检查 PLC 程序。

大多数有关 PLC 的故障是外围接口信号故障，PLC 在数控系统的执行有它自身的诊断程序，当程序存储错误，硬件错误都会发出相应的报警。在维修时，只要 PLC 有些部分控制的动作正常，都不应该怀疑 PLC 程序，因为它毕竟安装调试完成运行了一段时间。如果通过诊断确认运算程序有输出，而 PLC 的物理接口没有输出，则为硬件接口电路故障，应检查或更换电路板。

硬件故障多于软件故障，例如程序执行 MO7（冷却液开）而机床无此动作，大多是由于外部信号不满足或执行元件故障，而不是 CNC 与 PLC 接口信号的故障。

## 二、与 PLC 有关故障检测的思路和方法

### （一）根据故障号诊断故障

数控机床的 PLC 程序属于机床制造商的二次开发，即制造商根据机床的功能和特点，编制相应的动作顺序以及报警文本，对控制过程进行监控。当出现异常情况时，会发出相应警报。在维修过程中，要充分利用这些信息。

### （二）根据动作顺序诊断故障

数控机床上刀具及托盘等装置的自动交换动作都是按照一定的顺序来完成的，因此，观察机械装置的运动过程，比较正常和故障时的情况，就可发现疑点，诊断出故障的原因。

### （三）根据控制对象的工作原理诊断故障

数控机床的 PLC 程序是按照控制对象的工作原理来设计的，可通过对控制对象的工作原理的分析，结合 PLC 的 I／O 状态来检查。

### （四）根据 PLC 的 I／O 状态诊断

数控机床中，I／O 信号的传递一般都要通过 PLC 接口来实现，因此，许多故障都会在 PLC 的 I／O 接口这个通道反映出来。数控机床的这个特点为故障诊断提供了方便，不用万用表就可以知道信号的状态，但要熟悉有关控制对象的正常状态和故障状态。

（五）通过梯形图诊断故障

根据 PLC 的梯形图来分析和诊断故障是解决数控机床外围故障的基本方法，用这种方法诊断机床故障，首先应搞清机床的工作原理、动作顺序和连锁关系，然后利用系统的自诊断功能或通过机外编程器，根据 PLC 梯形图查看相关的 I／O 及标志位的状态，从而确定故障原因。

（六）动态跟踪梯形图诊断故障

有些数控系统带有梯形图监控功能，调出梯形图画面，可以看到 I／O 点的状态，梯形图执行的动态过程有的需要利用机外编程器，在线状态下监控程序的运行。当有些 PLC 发生故障时，因过程变化快，查看 I／O 及标志无法跟踪，此时需要通过 PLC 动态跟踪，实时观察 I／O 及标志位状态的瞬间变化，根据 PLC 的动作原理做出诊断。

用 PLC 对数控机床故障进行检测，须注意以下三点：

①机床各组成部分检测开关的安装位置，如加工中心的刀库，机械手和回转工作台，数控车床的旋转刀架和尾架，机床的气、液压系统中的限位开关、接近开关和压力开关等，弄清检测开关作为 PLC 输入信号的标志。

②执行机构的动作顺序，如液压缸、汽缸的电磁换向阀等，弄清对应的 PLC 输出信号标志。

③各种条件标志，如启动、停止、限位、夹紧和放松等标志信号，借助必要的诊断功能，必要时用编程器跟踪梯形图的动态变化，搞清故障原因，根据机床的工作原理做出诊断。

# 第三节　系统的故障诊断及维修技术

数控机床数控系统的诊断及维修，也就是指系统的硬件及软件故障诊断及维修。在维修之前，应了解数控系统的工作原理，即硬件和软件的工作原理，在此基础上能够分析、确定一些故障原因。对于软件，应了解系统的软件结构，包括数据输入／输出、插补控制、刀具补偿控制、加减速控制、位置控制、伺服控制、键盘控制、显示控制、接口控制的知识，以及机床参数、PLC 程序和参数、报警文本等的存储和恢复方法。对于硬件，则要了解系统各模块的功能和作用，各模块接口连接的来龙去脉，能够做到将故障定位到模块或电路板级。

## 一、系统维修的基础

数控机床的维修，需要维修人员事前做大量的基础工作，这包括基础知识、系统知识的培训和学习，机床资料的学习与消化吸收。

### （一）对维修人员素质的要求

①专业知识面广，掌握或了解计算机原理、电子技术、电工原理、自动控制与电力拖动、检测技术、机械传动及机加工工艺方面的基础知识。掌握数字控制，伺服驱动及PLC的工作原理，懂得PLC、NC编程。

②具有专业英语的阅读能力。

③勤于学习，善于分析。

④具有较强的动手能力和实践技能。

要做到胆大心细，既敢于动手，又要做到细心，有条理。只有敢于动手，才能深入理解数控系统原理、故障机理，才能一步步缩小故障范围，找到故障原因。所谓心细，就是在动手检修时，要先熟悉情况后动手，不可盲目蛮干，在动手过程中要稳、准。

### （二）必要的技术资料和技术准备

维修人员应在平时认真整理和阅读有关数控系统的重要技术资料。维修工作做得好与坏，排除故障的速度快与慢，主要取决于维修人员对系统的熟悉程度和运用技术资料的熟练程度。

1.数控装置部分

应有数控装置安装、使用（包括编程）操作和维修方面的技术说明书，其中包括数控装置操作面板布置及其操作，装置内各电路板的技术要点及其外部连接图，系统参数的意义及其设定方法，装置的自诊断功能和报警清单，装置的接口分配及其含义。通过以上资料，维修人员应掌握CNC原理框图、结构布置、各电路板的作用，以及板上各发光元件指示的意义。通过面板对系统进行各种操作，进行自诊断检测，检查和修改参数并备份，能够通过报警信息确定故障范围。

2.PLC装置部分

应有PLC装置及其编程器的连接、编程、操作方面的技术说明书，还应包括PLC用户程序清单或梯形图、I／O地址及意义清单，报警文本以及PLC的外部连接图。维修人员应熟悉PLC编程语言，能看懂用户程序或梯形图，会操作PLC编程器，通过编程器或CNC操作面板（对内装式PLC）对PLC进行监控，有时还需要对PLC程序进行某些修改，还应熟练通过 PLC 报警号检查 PLC 有关的程序和 I／O 连接电路，确定故障原因。

### 3. 伺服单元部分

应有进给和主轴伺服单元原理、连接、调整和维修方面的技术说明书，其中包括伺服单元的电气原理框图和连接图、主要故障的报警显示、重要的调整点和测试点、伺服单元参数的意义和设置。维修人员应掌握伺服单元的原理，熟悉其连接。能从单元板上故障指示发光管的状态和显示屏显示的报警号及时确定故障范围；能测试关键点的波形图和状态，并做出比较；能检查和修改调整伺服参数，对伺服系统进行优化。

### 4. 机床部分

应有机床安装、使用、操作和维修方面的技术说明书，其中包括机床的操作面板布置和操作，机床电气原理图、布置图及连线图。对机床维修人员还需要机床的液压回路及气动回路图，应当了解机床的结构和动作。熟悉机床上电气元器件的作用和位置，会操作机床，编制简单的加工程序并进行试运行。

此外，做好数据和程序的备份十分重要，除了系统参数、PLC 程序、PLC 报警文本，还有机床必须使用的宏指令程序、典型的零件程序、系统的功能检查程序。对于一些装有硬盘驱动器的数控系统，应有硬盘的备份，并且能对数控系统进行输入和输出的操作。

## 二、数控系统的软件故障及维修

数控机床运行的过程就是在数控软件控制下机床的动作过程。完好的硬件和完善的软件以及正确的操作，是数控机床能够正常进行工作的必要条件。因此，数控机床在出现故障以后，除了硬件控制系统故障之外，还可能是软件系统出现了问题。

### （一）软件配置

下面以西门子系统为例，说明系统软件的配置，系统软件包括三部分：

①数控系统的生产厂家研制的启动芯片、基本系统程序、加工循环、测量循环等。出于安全和保密的需要，这些程序在出厂前被预先写入 EPROM。用户可以使用这部分内容，但不能修改它。如果因为意外破坏了该部分软件，应注意所使用的机床型号和所使用的软件版本号，及时与系统的生产厂家联系，要求更换或复制软件。

②由机床厂家编制的针对具体机床所用的 NC 机床数据，PLC 机床数据、PLC 用户程序、PLC 报警文本、系统设定数据。这部分软件是由机床厂家在出厂前分别写入 RAM 或 EPROM，并提供技术资料来加以说明。由于存储于 RAM 中的数据由电池进行保持，因此要作好备份。

③由机床用户编制的加工主程序，加工子程序、刀具补偿参数，零点偏置参数，R参数等组成。这部分软件或参数被存储于RAM中，与具体的加工密切相关。因此，对它们的设置、更改是机床正常完成加工所必备的。

以上几部分软件均可通过多种存储介质（如软盘、硬盘、磁带、纸带等）进行备份，以便出现故障时进行核查和恢复。

### （二）软件故障发生的原因

软件故障是由软件变化或丢失而形成的。机床软件故障形成的可能原因如下：

1. 误操作

在调试用户程序或修改机床参数时，操作者删除或更改了软件内容或参数，从而造成软件故障。

2. 供电电池电压不足

为RAM供电的电池经过长时间的使用后，电池电压降低到监测电压以下，或在停电情况下拔下为RAM供电的电池，电池电路断路或短路、电池电路接触不良等，都会造成RAM达不到维持电压，从而使系统丢失软件和参数。这里要特别注意以下六点：

①应对长期闲置不用的数控机床定期开机，以防电池长期得不到充电，造成机床软件丢失，实际上机床开机也是对电池充电的过程。

②当为RAM供电电池出现电量不足报警时，应及时更换新电池。

③干扰信号引起软件故障。有时电源的波动及干扰脉冲会窜入数控系统总线，引起时序错误或造成数控装置停止运行等。

④软件死循环。运行复杂程序或进行大量计算时，有时会造成系统死循环，引起系统中断，造成软件故障。

⑤操作不规范。这里指操作人员违反了机床操作的规程，从而造成机床报警或停机现象。

⑥用户程序出错。由于用户程序中出现语法错误、非法数据，运行或输入中出现故障报警等现象。

### （三）软件故障的排除

对于软件丢失或参数变化造成的运行异常、程序中断、停机故障，可对数据程序更改或清除，重新输入，以恢复系统的正常工作。

对于程序运行或数据处理中发生中断而造成的停机故障，可对硬件复位或关掉数控机床总电源开关，再重新开机，以排除故障。

NC 复位、PLC 复位能使后继操作重新开始，而不会破坏有关软件和正常处理的结果，以消除报警。也可采用清除法，但对 NC、PLC 采用清除法时，可能会使数据全部丢失，应注意保护不想清除的数据。

开关系统电源是清除软件故障的常用方法，但在出现故障报警或开关机之前一定要将报警的内容记录下来，以便排除故障。

## 三、系统的硬件及维修

硬件故障检查过程因故障类型而异，以下所述方法无先后次序之分，可穿插进行，综合分析，逐个排除。

### （一）常规检查

**1. 外观检查**

系统发生故障后，首先进行外观检查。运用自己的感官感受判断明显的故障，有针对性地检查可疑部分的元器件，查看空气断路器、继电器是否脱扣，继电器是否有断开现象，熔丝是否熔断，印制线路板上有无元件破损、断裂、过热，连接导线是否断裂、划伤，插拔件是否脱落等；若已检修过电路板，还得检查开关位置、电位器设定、短路棒选择，线路更改是否与原来状态相符，并注意观察故障出现时的噪声、振动、焦糊味、异常发热、冷却风扇是否转动正常等。

**2. 连接电缆、连接线检查**

针对故障有关部分，用一些简单的维修工具检查各连接线、电缆是否正常。尤其注意检查机械运动部位的接线及电缆，这些部位的接线易因受力、疲劳而断裂。

例如，WY203 型自动换箱数控组合机床 Z 轴一启动，即出现跟随误差过大报警而停机。经检查发现，位置控制环反馈元件光栅电缆由于运动中受力而拉伤断裂，造成丢失反馈信号。

**3. 连接端及接插件检查**

针对故障有关部位，检查接线端子、单元接插件，这些部件容易因松动、发热、氧化、电化腐蚀而造成断线或接触不良。

例如，TC1000 型加工中心启动后出现 114 号报警。经检查发现，Y 轴光栅适配器电缆插头松脱。

4. 恶劣环境下工作的元器件检查

针对故障有关部位，检查在恶劣环境下工作的元器件。这些元器件容易因受热、受潮、受振动、粘灰尘或油污而失效或老化。

例如，WY203 型自动换箱数控组合机床一次 X 轴报警跟随误差太大。经检查发现，受冷却水及油污染，光栅标尺栅和指示栅都变脏。清洗后，故障消失。

5. 易损部位的元器件检查

数控机床的空气开关，继电器等的熔断器、触头是否有熔断或烧蚀，光栅、磁栅、印刷电路板等是否有油污、划伤、断裂，插接件是否有松动、脱落，按钮、开关等的触头是否有热黏接、污染或氧化等，应优先检查，逐一排除。

6. 元器件易损部位应按规定定期检查

直流伺服电机电枢，电刷及整流子，测速发电机电刷及整流子，都容易磨损粘污物，前者造成转速下降，后者造成转速不稳。纸带阅读机光电读入部件光学元件透明度降低，发光元件及光敏元件老化，都会造成读带出错。

例如，WY203 型自动换箱数控组合机床出现一次 X 轴电机不能启动故障。打开电机检查发现炭刷磨损、电缆接头电化学腐蚀、接触不良。

7. 定期保养的部件及元器件的检查

有些部件、元器件应按规定及时清洗润滑，否则容易出现故障。如果冷却风扇不及时清洗风道等，则易造成过负载。如果不及时检查轴承，则在轴承润滑不良时，易造成通电后转不动。

例如，TC1000 型加工中心 NC 系统运行异常，经检查，NC 系统冷却风扇未能按时清除污物，管路堵塞，风扇过负载而烧坏，导致冷却对象过热，出现异常。

8. 电源电压检查

电源电压正常是机床控制系统正常工作的必要条件。电源电压不正常，一般会造成故障停机，有时还会造成控制系统动作紊乱。硬件故障出现后，检查电源电压不可忽视，检查步骤可参考调试说明，方法是参照上述电源系统，从前（电源侧）向后检查各种电源电压。应注意到电源组功率大，易发热，容易出故障。多数情况电源故障是由负载引起，因此，更应该在仔细检查后继环节后再进行处理，熔丝断了只换熔丝是不行的，应该查明短路或过流过负载的真正原因。检查电源时，不仅要检查电源自身馈电线路，还应检查由它馈电的无电源部分是否获得了正常的电压；不仅要注意到正常时的供电状态，还要注意到故障发生时电源的瞬时变化。

## （二）故障现象分析法

故障分析是寻找故障的特征。最好组织机械、电子技术人员及操作人员"会诊"，捕捉出现故障时机器的异常现象，分析产品检验结果及仪器记录的内容，必要（会出现故障发生时刻的现象）和可能（设备还可以运行到这种故障再现而无危险）时可以让故障再现，经过分析可能找到故障规律和线索。

## （三）面板显示与指示灯显示分析法

数控机床控制系统多配有面板显示器和指示灯。面板显示器可将大部分被监控的故障识别结果以报警的方式给出。对于各个具体的故障，系统有固定的报警号和文字显示给予提示。特别是彩色CRT的广泛使用及反衬显示的应用，使故障报警更为醒目。出现故障后，系统会根据故障情况、故障类型，提示或者同时中断运行而停机。对于加工中心运行中出现的故障，必要时，系统会自动停止加工过程，等待处理。指示灯只能粗略地提示故障部位及类型等。程序运行中出现的故障，程序显示报警出现时程序的中断部位，坐标值显示提示故障出现时运动部件坐标位置，状态显示能提示功能执行结果。在维修人员未到现场前，操作人员尽量不要破坏面板显示状态、机床故障后的状态，并向维修人员报告自己发现的面板瞬时异常现象。维修人员应抓住故障信号及有关信息特征，分析故障原因。故障出现的程序段，可能是指令执行不彻底而应答。故障出现的坐标位置，可能有位置检测元件故障、机械阻力太大等现象发生。维修人员和操作人员要熟悉本机床报警目录，对于有些针对性不强、含义比较广泛的报警，要不断总结经验，掌握这类报警发生的具体原因。

## （四）系统分析法

判断系统存在故障的部位时，可对控制系统方框图中的各方框单独考虑。根据每一方框的功能，将方框划分为一个个独立的单元。在对具体单元内部结构了解不透彻的情况下，可不管单元内容如何，只考虑其输入和输出。这样就简化了系统，便于维修人员判断故障。首先检查被怀疑单元的输入，如果输入中有一个不正常，该单元就可能不正常。这时应追查提供给该输入的上一级单元；在输入都正常的情况下而输出不正常，故障即在本单元内部。在将该单元输入和输出与上下有关单元脱开后，可提供必要的输出电压，观察其输出结果（也请注意有些配合方式将相关单元脱开后，给该单元供电会造成本单元损坏）。当然，在使用这种方法时，要求了解该单元输入／输出的电信号性质、大小、不同运行状态信号及它们的作用。用类似的方法可以找出独立单元中某一故障部件，将怀疑部分由大缩到小，逐步缩小故障范围，直至将故障定位于元件。在维修的初步阶段及有条件时，对怀疑单元可采用换件诊断修理法。但要注意，换件时应该弄清备件的型号、规格、各种标记、电位器调整位置、开关状态、跳线选择、线路更改及软件版本是否与怀疑单元相同，并确保不会由于上下级单元损坏造成的故障而损坏新单元；此外，还要考虑可能要重调新单元的某些电位器，以保证该新单元与怀疑单元性能相近。一点细微的差异都可能导致失败或造成损失。这里要特别强调的是，系统若带有分立的 PLC 时，系统产生故障后，应该确定故障发生在系统本身还是发生在内装的 PLC 中，这就要求熟悉 NC 与 PLC 信息交换的内容，搞清楚某一动作不执行是由于 NC 没给 PLC 指令，还是由于 NC 给了 PLC 指令而 PLC 未执行，或者是由于 PLC 未准备好应答信号，NC 不可能提供该指令等。

## （五）信号追踪法

信号追踪法是指按照控制系统方框图从前往后或从后向前地检查有关信号的有无、性质、大小及不同运行方式的状态，与正常情况比较，查看有什么差异或是否符合逻辑。如果线路由各元件"串联"组成，则出现故障时"串联"的所有元件和连接线都值得怀疑。在较长的"串联"电路中，适宜的做法是将电路分成两半，从中间开始向两个方向追踪，直到找到有问题的元件（单元）为止。两个相同的路线，可以对它们部分地交换试验。这种方法类似将一个电机从其电源上拆下，接到另一个电源上试验电机。类似地，在其电源上另接一电机来试该电源，这样可以判断出是电机有问题还是电源有问题。但对数控机床来讲，问题就没有这么简单了，交换一个单元一定要保证该单元所处大环节（如位置控制环）的完整性，否则可能闭环受到破坏，保护环节失效，PI 调节器输入得不到平衡。例如，只改用 Y 轴调节器驱动 X 轴电机，若只换接 X 轴电机及转速传感器于 Y 轴调节器，而不改接 X 轴位置反馈于 Y 轴反馈上，改接 X 轴转速设定于 Y 轴调节器上（或在 NC 中改 X 轴为 Y 轴号），给指令于 Y 轴，这时 X 轴各限位开关失效，且 X 轴移动无位置反馈，可能机床一启动即产生 X 轴测量回路硬件故障报警，且 X 轴各限位开关不起作用。

1. 接线系统（继电器－接触器系统）信号追踪法

硬接线系统具有可见接线、接线端子、测试点。故障状态可以用试电笔、万用表、示波器等简单测试工具测量电压、电流信号大小、性质、变化状态、电路的短路与断路、电阻值变化等，从而判断出故障的原因。举简单的例子加以说明：由一个继电器线圈 K 在指定工作方式下，其控制线路为经 X、Y、Z 三个触点接在电源 P、N 之间，在该工作方式中 K 应得电，但无动作，经检查 P、N 间有额定电压，再检查 X—Y 接点与 N 间有无电压，若有电压，则向下测 Y—Z 接点与 N 间有无电压；若无电压，则说明 Y 轴点可能不通。其余类推，可找出各触点，接线或 K 本身的故障。例如，控制板上的一个三极管元件，若 c 极、e 极间有电源电压，b 极、e 极间有可使其饱和的电压，接法为射极输出。如果 e 极对地间无电压，就说明该三极管有问题。当然，对一个比较复杂的单元来讲，问题就会更复杂一些，但道理是一样的，影响它的因素更多一些，关联单元相互间的制约要多一些。

2.NC、PLC 系统状态显示法

NC、PLC 程序是软件结构，有些机床面板、显示器、编程器可以进行状态显示，显示其输入，输出及中间环节标志位等的状态，用于判别故障位置。例如，PLC 的输出 Q 由输入 I0.0、中间标志位 F0.1 和来自 NC 的信号 F0.2 的与逻辑控制，可分别检查 I0.0，F0.1，F0.2 的状态：若 I0.1=0，则要检查 F0.1 的软件线路；若 F0.2=0，则要检查 NC 为什么不使其为"1"。这种检查要比硬接线系统方便得多，但由于 NC，PLC 功能很强而较复杂，因此，要求维修人员熟悉具体机型控制原理，PLC 程序中多有触发器支持，有的置位信号和复位信号都维持时间不长，有些环节动作时间很短，不仔细观察，很难发现已起过作用但状态已经消失的过程。

3. 硬接线系统的强制

在追踪中也可以在信号线上加上正常情况的信号，以测试后继线路，但这样做是很危险的，因为这无形中忽略了许多环节。因此，要特别注意以下问题：

①要将涉及前级的线断开，避免所加电源对前级造成损害。

②要尽量地移动可能发生位移运动的机床部分组件，以免该部分工作时由于长距离移动而触及限位开关，防止飞车碰撞。

③弄清楚所加信号是什么类型。例如，是直流还是脉冲，是恒流源还是恒压源等。

④设定要尽可能小些（因为有时运动方式和速度与设定关系很难确定）。

⑤密切注意可能忽略的连锁环节导致的后果。

⑥要密切观察运动情况，勿使飞车超程。

4.NC、PLC 控制变量强制

例如，SIN8 的 ST 方式和 SS 系列编程仪 CONTRVAR 方式同强制 PLC 输出，标志位置位或复位，借以区分故障在 NC 内、PLC 内还是外设。接在 PLC 输出上的执行元件不动作，可强制该输出为"1"，查看该元件是否带电，若程序不执行，这是由于 PLC 的一个中间标志位不为"1"所致，可以强置该标志位为"1"。当然，若程序中的该元素定义不可能为"1"，强制只能得到瞬间效果。若相对标志位或输出长期强制，最好在程序中清除它的定义程序段，或使该程序段虽有而不被执行。在诊断出故障单元后，也可利用系统分析法和信号追踪法将故障缩小到单元内部的某个插件、芯片、元件。

### （六）静态测量法

静态测量法主要使用万用表测量元器件的在线电阻及晶体管上的 PN 结电压，用晶体管测试仪检查集成电路块等元件的好坏。

### （七）动态测量法

动态测量法是通过直观检查和静态测量后，根据电路原理图印制电路板上加上必要的交直流电压、同步电压和输入信号，然后用万用表、示波器等对电路板的输出电压、电流及波形等进行全面诊断并排除故障。动态测量法有：电压测量法、电流测量法和信号注入及波形观察法。

①电压测量法是对可疑电路的各点电压进行普遍测量，将测量值与已知值或经验值进行比较，再应用逻辑推理方法判断出故障所在。

②电流测量法是通过测量晶体管、集成电路的工作电流、各单元电路和电源负载电流来检查电子印制电路板的常规方法。

③信号注入及波形观察法是利用信号发生器或直流电源在待查回路中的输入信号，用示波器观察输出波形。

# 第四节　伺服系统的故障及维修技术

在自动控制系统中，将输出量能够以一定的准确度跟随输入量的变化而变化的系统，称为随动系统。数控机床的伺服系统是指以机床移动部件的位移和速度作为控制量的自动控制系统。驱动系统与 CNC 的位置控制部分构成了位置伺服系统。数控机床的驱动系统主要有两种：进给驱动和主轴驱动。进给驱动控制机床各坐标的进给运动，主轴控制主轴旋转运动。因此，驱动系统的性能在较大程度上决定着数控机床的性能，数控机床的最大移动速度、定位精度等指标主要取决于驱动系统及 CNC 位置控制部分的动态和静态性能。

## 一、伺服系统的工作原理

数控机床的伺服系统一般由驱动单元、机械传动部件、执行件和检测反馈环节等组成。驱动控制单元和驱动元件组成伺服驱动系统，机械传动部件和执行元件组成机械传动系统，检测元件和反馈电路组成检测装置，也称检测系统。

伺服系统是一个反馈控制系统，它以指令脉冲为输入给定值与反馈脉冲进行比较，利用比较后产生的偏差值对系统进行自动调节，以消除偏差，使被调量跟踪给定值。因此，伺服系统的运动来源于偏差信号，必须具有负反馈回路，始终处于过渡状态。伺服系统必须有一个不断输入能量的能源，外加负载可视为系统的扰动输入。

## 二、进给伺服的故障及诊断

### （一）进给伺服的故障形式

进给伺服系统的任务是完成各坐标轴的位置控制，在整个系统中它又分为：位置环、速度环和电流环。位置环接收控制指令脉冲和位置反馈脉冲且进行比较，利用其偏差，产生速度环的速度指令；速度环接收位置环发出的速度指令和电机的速度反馈，同样，速度环将速度偏差信号进行处理，产生电流信号；电流环对电流信号及从电机电流检测单元发出的反馈信号进行处理，再驱动大功率元件，产生伺服电机的驱动电流。在这些环节中，任一环节出现异常或故障，都会对伺服系统的正常工作造成影响。

当进给伺服系统出现故障时，通常有三种表现形式：一是在CRT或操作面板上显示报警内容或报警信息；二是在进给伺服驱动单元上用报警灯或数码管显示驱动单元的故障；三是运动不正常，但无任何报警。对于第一、二种形式，因为有些报警的含义比较明确，可根据相应的系统说明书进行检查；对于第三种形式，就要综合分析伺服系统的各个环节可能造成这种现象的原因，再逐步检查、排除直至查到真正的原因，或优化各种因素直至恢复正常。进给伺服的常见故障有以下九种：

1. 超程

超程是机床厂家为机床设定的保护措施，一般有软件超程、硬件超程和急停保护。不同机床所采用的措施会有所区别。硬件超程是为了防止在回零之前手动误操作而设置的，急停是最后一道防线，当硬件超程限位保护失效时它会起到保护作用，软件限位在建立机床坐标系后（机床回零后）生效，软件限位设置在硬件限位之间。不同系统的具体恢复方法有所区别，根据机床说明书即可排除。

2. 过载

当进给运动的负载过大，频繁正反向运动，以及进给传动的润滑状态和过载检测电路不良时，都会引起过载报警。一般会在CRT上显示伺服电机过载、过热或过流的报警，或在电柜的进给驱动单元上，用指示灯或数码管提示驱动单元过载、过流信息。

### 3. 窜动

在进给时会出现窜动现象：测速信号不稳定，如测速装置、测速反馈信号干扰等；速度控制信号不稳定或受到干扰；接线端子接触不良，如螺丝松动等。当窜动发生在由正向运动向反向运动转变的瞬间，一般是由于进给传动链的反向间隙或伺服系统增益过大所致。

### 4. 爬行

发生在启动加速段或低速进给时，一般是进给传动链的润滑状态不良，伺服系统增益过低以及外加负载过大等因素所致。尤其要注意的是，伺服电机和滚珠丝杠连接用的联轴器，如连接松动或联轴器本身缺陷（如裂纹等），会造成滚珠丝杠转动和伺服电机的转动不同步，从而使进给运动忽快忽慢，产生爬行现象。

### 5. 振动

分析机床振动周期是否与进给速度有关。若与进给速度有关，则振动一般与该轴的速度环增益太高或速度反馈故障有关；若与进给速度无关，则振动一般与位置环增益太高或位置反馈故障有关；若振动在加减速过程中产生，则往往是系统加减速时间设定过短造成。

### 6. 伺服电机不转

数控系统至进给单元除了速度控制信号外，还有使能控制信号，使能信号是进给动作的前提，可参考具体系统的信号连接说明。检查使能信号是否接通，通过 PLC 梯形图，分析轴使能的条件；检查数控系统是否发出速度控制信号；对带有电磁制动的伺服电动机应检查电磁制动是否释放；检查进给单元故障；检查伺服电机故障。

### 7. 位置误差

当伺服运动超过允许的误差范围时，数控系统就会产生位置误差过大报警，包括跟随误差、轮廓误差和定位误差等。主要原因是：系统设定的允差范围过小，伺服系统增益设置不当，位置检测装置有污染，进给传动链累积误差过大，以及主轴箱垂直运动时平衡装置不稳。

### 8. 漂移

当指令为零时，坐标轴仍在移动，从而造成误差，可通过漂移补偿或驱动单元上的零速调整来消除。

### 9. 回基准点故障

基准点是机床在停止加工或交换刀具时机床坐标轴移动到一个预先指定的准确位置。机床返回基准点是数控机床启动后首先必须进行的操作，然后机床才能转入正常工作。机床不能正确返回基准点是数控机床常见的故障之一。机床返回基准点的方式随机床所配用的数控系统不同而异，但多数采用栅格方式（在用脉冲编码器作为位置检测元件的机床中）

或磁性接近开关方式。

### (二) 故障的维修方法

#### 1. 模块交换法

由于伺服系统的各个环节都具有模块化，不同轴的模块有的具有互换性，因此，可采用模块交换法来进行一些故障的判断，但要注意遵从以下要求：模块的插拔是否会造成系统参数丢失，是否应采取措施；各轴模块的设定可能有所区别，更换后保证设定和以前一致；遵循"先易后难"的原则，先更换环节中较易更换的模块，确认不是这些模块的问题后，再检查难以更换的模块。通过这种方法，比较容易确定故障的部位。

#### 2. 外界参考电压法

当某轴进给发生故障时，为了确定是否为驱动单元和电机故障，可以脱开位置环，检查速度环。

#### 3. 满足三个使能条件，电机才能工作

①脉冲使能 63 无效时，驱动装置立即禁止所有轴运行，伺服电机无制动地自然停止。

②驱动器使能 64 无效时，驱动装置立即置所有进给轴的速度设定值为零，伺服电机进入制动状态，200 ms 后电机停转。

③轴使能 65 无效时，对应轴的速度设定值为零，伺服电机进入制动状态，200ms 后电机停转。

正常情况下，伺服电机在外加参考电压的控制下转动，调节电位改变指令电压，可控制电机的转速，参考电压的正、负决定电机的旋转方向。这时，可判断驱动器和伺服电动机是否正常，以判断故障是在位置环还是在速度环。

### (三) 伺服电机维护

目前，数控系统的伺服电机主要有两种：直流伺服电机和交流伺服电机。

#### 1. 直流伺服电机的维护

直流伺服电机的维护主要指的是对电机电刷、换向器、测速电机电枢等进行定期检查和维护。数控铣床、加工中心、数控车床的直流伺服电机应每年检查一次；频繁加、减速的机床（如冲床等）中的直流伺服电机应每两个月检查一次。

#### 2. 交流伺服电机的维护

交流伺服电机不存在电刷的维护问题，故称为免维护电机。它的磁极是转子、定子与三相交流感应电机的电枢绕组一样。感应电机的电枢绕组一样，电机的检测元件有转子位

置检测元件和脉冲编码器。转子位置检测元件一般是霍尔元件或具有相位检测的光电脉冲编码器，由于伺服系统通过转子位置信号来控制电机定子绕组的开关组件，因此检测元件的松动错位以及元件故障都会造成伺服电机无法工作。脉冲编码器，作为速度和位置检测元件为系统提供反馈信号。交流伺服电机常见的故障有：

（1）接线故障

由于接线不当，在使用一段时间后就可能出现故障，主要为插座接线脱焊、端子接线松动引起接触不良。

（2）转子位置检测元件故障

检测元件故障会造成电动机的失控，进给有振动，由于转子位置检测元件的位置安装要求比较严格，因此应由专业人员进行设定调整。

（3）电磁制动故障

带电磁制动的伺服电机，当制动器出现故障时，出现得电不松开，失电不制动的情况。

3. 交流电机故障判断方法

（1）电阻测量

用万用表测量电枢的电阻，查看三相之间电阻是否一致，用兆欧表测量绝缘是否良好。

（2）电机检查

脱开电给予机械装置，用手转动电机转子，正常时感觉有一定的均匀阻力，如果在旋转过程中出现周期性的不均匀的阻力，应该更换电机进行确认。

在检查交流伺服电机时，对采用编码器换向的如原连接部分无定位标记的，编码器不能随便拆除，不然会使相位错位；对采用霍尔元件换向的，应注意开关的出线顺序。平时不应敲击电动机上安装位置检测元件的部位，因为伺服电机在定子中埋设热敏电阻，作为过热报警检测，出现报警时，应检查热敏电阻是否正常。

4. 进给系统的故障诊断

不同厂家、不同系统系列的伺服系统的结构及信号连接有很大差别。前面章节介绍了FANUC 及 SIEMENS 两种伺服系统的结构和连接以及故障诊断，总的来说，对于伺服系统的故障诊断，应以区分内因和外因为前提。所谓"外因"，指的是伺服系统启动的条件是否满足，例如，供给伺服系统的电源是否正常，供给伺服系统的控制信号是否出现，伺服系统的参数设置是否正确；所谓"内因"，指的是确认伺服驱动装置故障，在满足正常供电及驱动条件下，伺服系统能不能正常驱动伺服电机的运动。

对于外因，必须明白系统正常工作所应满足的条件，控制信号的时序关系等。随着数字化、集成化的进一步提高，用户对元器件的维修将越来越难，应将学习的重点放在调整和诊断技术上。

由于伺服系统大都具有模块化结构，因此可采用模块更换法进行故障诊断。当怀疑到某一个轴的进给模块准备进行更换时，必须明白相互更换的模块型号是否一致。这可在模块上或机床配置上查到；相互交换的模块的设定是否一致，检查设定开关，做好记录；在拆下连接模块的插头、电缆时，确认标记是否清晰，否则重做标记，以防出现接线错误。

### 三、主轴伺服的故障及诊断

主轴伺服系统主要完成切削加工时主轴刀具旋转速度的控制，现在有些系统还具有 C 轴功能，即主轴的旋转像进给轴一样进行位置控制，它可完成主轴任意角度的停止以及和 Z 轴联动完成刚性攻丝等功能，这类主轴系统的结构中，装有脉冲编码器作为主轴位置反馈。

主轴伺服系统分为直流主轴系统和交流主轴系统。由于直流主轴电机为他励直流电机，因此直流主轴控制系统要为电机提供励磁电压和电枢电压。在恒转矩区，励磁电压恒定，通过增大电枢的电压来提高电机速度；在恒功率区，保持电枢电压恒定，通过减小励磁电压来提高电机转速。目前数控机床采用得较多的主轴驱动为交流电机配变频控制的方式，它是通过改变电机的工作频率来改变电机转速的。

主轴伺服系统发生故障时，通常有三种表现形式：一是在 CRT 或操作面板上显示报警内容或报警信息；二是在主轴驱动装置上用报警灯或数码管显示主轴驱动装置的故障；三是主轴工作不正常但无任何报警信息。对于报警提示，可根据系统说明书详查可能的原因，常见的主轴单元的故障有以下六种：

（一）主轴不转

可能的原因：机械故障。如机械负载过大，主轴系统外部信号未满足；又如，主轴使能信号、主轴指令信号、主轴单元或主轴电机故障。

（二）电动机转速异常或转速不稳定

可能的原因：速度指令不正常，测速反馈不稳定或故障，过负载，主轴单元或电机故障。

（三）外界干扰

由于受电磁干扰，屏蔽或接地不良，主轴转速指令或反馈受到干扰，使主轴驱动出现随机或无规律的波动。判断方法：当主轴转速为零时，主轴仍往复转动，调整零速平衡和漂移补偿也不能消除。

## （四）主轴转速与进给不匹配

当进行螺纹切削或用每转进给指令切削时，会出现停止进给、主轴仍继续运转的故障。要执行每转进给指令，主轴必须有每转一个脉冲的反馈信号，一般情况下认为主轴编码器有问题，可用以下方法来确定：CRT画面上有报警指示；通过CRT调用机床数据或I/O状态，观察编码器的信号状态；用每分钟进给指令代替每转进给指令来执行程序，观察故障是否消失。

## （五）主轴异常噪声或振动

首先区别异常噪声的来源是机械侧还是电气驱动部分。在减速过程中产生，一般是由驱动装置造成的，如交流驱动装置中的再生回路故障；在恒转速时产生，可通过观察主轴电动机在自由停车过程中是否有噪声和振动来区分，若存在，则主轴机械侧部分有问题。检查主轴振动周期是否与转速有关，若无关，一般是主轴驱动装置未调整好；若有关，应检查主轴机械侧是否良好，测速装置是否良好。

## （六）主轴定位抖动

主轴准停用于刀具交换，精镗退刀及齿轮变挡。有三种实现形式：

①机械准停控制。由带"V"形槽的定位盘和定位用的液压缸配合动作。

②磁性传感器的电气准停控制。励磁体装在主轴的后端，磁传感器装在主轴箱上，其安装位置决定了主轴准停点，励磁体和磁传感器之间的间隙为（1.5±0.5）mm。

③编码器型的准停控制。通过主轴电机内置或在主轴上直接安装一个光电编码器来实现准停控制，准停角可任意设定。

上述的过程要经过减速的过程，如减速或增益等参数设置不当，均可引起定位抖动。另外，定位开关，励磁体及磁传感器的故障或设置不当也可能引起定位抖动。

# 第六章 机电设备维修与技术

机电设备维修包括机电设备维护和机电设备修理两个方面。机电设备维护是一种保持机电设备规定的技术性能的日常活动；机电设备修理是一种排除故障恢复机电设备性能的活动。机电设备维修就是通过对机电设备进行维护和修理，降低其劣化速度，延长使用寿命，保持或恢复机电设备规定功能而采取的一种技术活动。

## 第一节 机械设备维修方式与修复技术

### 一、机械设备维修方式

维修是指维护和修理所进行的所有工作，包括保养、修理、改装、翻修、检查、状态监控和防腐蚀等。维修方式一般的发展趋势是由排除故障维修走向预防性计划维修，再走向定期计划检查的预防性计划修理，目前的趋势是在状态监测基础上的维修。

（一）排除故障修理

人们将排除故障、恢复机械设备功能的工作称为排除故障修理。这种修理方式可以排除机械设备的精度故障、调整性故障、磨损性故障以及责任性故障。

排除故障修理是在设备发生故障之后进行的修理，仅仅修复损坏的部分，这种维修方式修理费用比较低，对管理的要求也低。它主要的缺点是：停机时间长，不适宜制造业流水线上所用设备的修理。

（二）计划修理

计划修理主要有定期修理和预防性计划修理。

1. 定期修理

机械设备的零件在使用期间发生故障具有一定的规律性，可以通过统计求得，并且可以保证零件合理的使用寿命。根据零件的故障规律和寿命周期，定期修理和更换零件，可以延长零件的使用寿命，最大限度地减少突发故障，获得更长的设备正常运转时间。

2. 预防性计划修理

预防性计划修理是将设备按其修理内容及工作量划分成几个不同的修理类别，并且确定它们之间的关系，以及确定每种修理类别的修理间隔。预防性计划修理类别主要有项修、小修、大修、定期精度调整等。

预防性计划修理可达到以预防为主的目的，防止和减少紧急故障的发生，使生产和修理工作都能有计划地进行，可进行长周期的计划安排。主要缺点是：每台设备具体情况不同，而同种设备规定了统一的修理时间间隔，动态性差。目前仍有不少企业使用这种维修方式，预防性计划修理对重要大型设备也是必要的。

（1）项修

项修是根据对设备进行监测与诊断的结果，或根据设备的实际技术状态，对设备精度、性能达不到工艺要求的生产线及其他设备的某些项目部件按需要进行有针对性的局部修理。项修时，一般要部分解体和检查，修复或更换磨损、失效的零件，必要时对基准件要进行局部刮削、配磨和校正坐标，使设备达到需要的精度标准和性能要求。

项修的特点是停机修理时间短，甚至利用节假日就能迅速修复。这种维修方式适用于重点设备和大型生产线设备，在生产现场进行。

（2）小修

对于实行定期修理的机械设备，小修的工作内容主要是根据掌握的磨损规律，更换或修复在修理间隔期内失效或即将失效的零件，并进行调整，以保证设备的正常工作能力。

对于实行状态监测维修的机械设备，小修的工作内容主要是针对日常和定期检查发现的问题，拆卸有关的零部件，进行检查、调整、更换或修复失效的零件，以恢复机械设备的正常功能。

小修的工作内容还包括：清洗传动系统、润滑系统、冷却系统，更换润滑油，以及清洁设备外观等。小修一般在生产现场进行，两班制工作的设备一年须小修一次。

（3）大修

大修是为了全面恢复长期使用的机械设备的精度、功能、性能指标而进行的全面修理。大修是工作量最大的一种修理类别，需要对设备全面或大部分解体、清洗和检查，磨削或刮削修复基准件，全面更换或修复失效零件和剩余寿命不足一个修理间隔的零件，修理、调整机械设备的电气系统，修复附件，重新涂装，使精度和性能指标达到出厂标准。大修理更换主要零件数量一般达到30%以上，修理费用一般可达到设备原值的40% ~ 70%。大修的修理间隔周期是：金属切削机床为 5 ~ 8 年，起重、焊接、锻压设备为 3 ~ 4 年。

一般设备大修时可拆离基础运往机修车间修理，大型精密设备可在现场进行。

（4）定期精度调整

定期精度调整是指对精、大、稀机床的几何精度定期进行调整，使其达到（或接近）规定标准。精度调整的周期一般为 1 ~ 2 年，调整时间最好安排在气温变化较小的季节。例如，在我国北方地区，以每年的 5—6 月或 9—10 月为宜。

实行定期精度调整，有利于保持机床精度的稳定性，以保证加工质量。

## （三）状态维修

随着状态监测技术的发展，在设备状态监测基础上进行的维修称为按状态维修。各种预防性维修方式都希望在设备故障发生前的最合适时机进行维修，但都因不能掌握设备的实际状态，往往会出现事后维修或者过多产生过剩维修。运用设备状态监测技术适时进行设备检查，将采集到的信息进行筛选分析、处理，因而能够准确地了解到设备的实际状态，查找到需要修理的部位、项目，由此安排的维修更符合设备实际情况。

按设备状态进行维修的方式已经被公认为是一种新的、高效的维修方式。但是，采用这种维修方式需要一些先决条件，例如，故障发生应不具有非常明确的规律性，监测方法和技术要能准确测试到发生故障征兆，从发生故障征兆到故障出现的潜存时间要足够长，有采取措施排除故障的可能性，等等。具备了这些条件，状态维修才能有实效。随着状态监测及故障诊断技术的进步和实际应用经验的积累，这种维修方式的效果将会进一步提高。

## （四）其他维修方式

### 1. 定期有计划检查的修理

这种维修方式是通过定期有计划地进行检查，了解设备当前的状态，发现存在的缺陷和隐患，然后有针对性地安排修理计划，以排除这些缺陷和隐患，使设备的运转时间长，使用效果好，修理费用少。

这种维修方式的检查与修理安排是相互配合的一个整体，没有检查的信息，修理计划就没有了编制的依据；没有修理安排，检查就没有实际意义。定期计划检查，可以了解设备的实际情况，由此安排的修理计划更符合设备的实际需要，但这种维修方式不能安排长期的修理计划。

### 2. 年检

年检也称年度整套装置停产检修，这是国内外流程工艺普遍采用的方式。年检是将整套装置或若干套装置在每年的一定时间中有计划地安排全面停产检修，以保证下一个年度生产的正常运行。这种维修方式是由生产特点决定的，具有生产保证性。

制造业中的机械化、半自动化、自动化生产线应该考虑采用流程工艺设备的维修方式。随着状态监测技术的应用，年检内容可以更有针对性，以降低维修费用和缩短检修工期。

## 二、机械零件修复技术

机械设备在维修时，失效的机械零件大部分是可以修复的。对于磨损失效的零件，可以采用堆焊、电刷镀、热喷涂和喷焊等修复技术进行修复；对于机身、机架等基础件产生的裂纹，可以采用金属扣合技术进行修复。许多修复技术不仅可以使失效的机械零件重新使用，还可以提高零件的性能和延长使用寿命。在机械设备修理中，充分利用修复技术，选择合理的修复工艺，可以缩短修理时间，节省修理费用，提高效益。

### （一）选择修复技术应考虑的因素

在修复机械零件的损伤缺陷时，可能有几种修复方法和技术，但究竟选择哪一种修复方法及技术最好，应考虑以下因素：

1. 所选择的修复技术对零件材质的适应性

在选择修复技术时，首先应考虑该技术是否适应待修零件的材质。例如，手工电弧堆焊，适用于低碳钢、中碳钢、合金结构钢和不锈钢；焊剂层下电弧堆焊，适用于低碳钢和中碳钢；镀铬技术，适用于碳素结构钢、合金结构钢、不锈钢和灰铸铁；黏结修复，可以将各种金属和非金属材质的零件牢固地连接起来；喷涂，在零件材质上的适用范围比较宽，金属零件（如碳钢、合金钢、铸铁件和绝大部分有色金属件）几乎都能喷涂。在金属中只有少数的有色金属喷涂比较困难（例如纯铜），另外，以钨、钼为主要成分的材料喷涂也困难。

2. 各种修复技术所能提供的修补层厚度

由于每个零件磨损的情况不同，所以需要补偿的修复层厚度也不一样，因此，在选择修复技术时，应该了解各种修复技术所能达到的修补层厚度。

3. 修补层的力学性能

修补层的强度和硬度，修补层与零件的结合强度以及零件修理后表面强度的变化情况，是评价修理质量的重要指标，也是选择修复技术的依据。

在选择修复技术时，还应考虑与其修补层有关的一些问题，如修复后修补层硬度较高，虽提高了耐磨性，但加工困难；修复后修补层硬度不均匀，会使加工表面不光滑，硬度低，一般磨损较快。另外，机械零件表面的耐磨性不仅与表面硬度有关，还与金属组织、表面吸附润滑油的能力和两接触表面的磨合情况有关。如采用多孔镀铝、多孔镀铁、金属喷涂、振动电弧堆焊等修复技术均可获得多孔隙的修补覆盖层，这些孔隙能够储存润滑油，改善了润滑条件，使机械零件即使在短时间内缺油也不会发生表面研伤的现象。又如，采用镀铬，可以使修补覆盖层获得较高的硬度，也很耐磨，但其磨合性却较差。镀铁、振动电弧堆焊、金属喷涂等所得到的修补层耐磨性与磨合性都比较好。

### 4. 机械零件的工作状况及要求

选择修复技术时，应考虑零件的工作状况。例如，机械零件在滚动状态下工作时，两个零件的接触表面承受的接触应力较高，镀铬、喷焊、堆焊等修复技术能够适应；而机械零件在滑动状态下工作时，承受的接触应力较低，可以选择的修复技术则更为广泛。

选择修复技术时，应考虑机械零件修复后能否满足工作要求。例如，所选择的修复技术施工时温度高，则会使机械零件退火，原表面热处理性能破坏，热变形和热应力增加。如气焊、电焊等补焊和堆焊技术，在操作时会使机械零件受到高温影响。因此，这些技术只适用于未淬火的零件，焊后有加工整形工序的零件以及焊后进行热处理的零件。

### 5. 生产的可行性

选择修复技术应考虑生产的可行性。应结合企业修理车间现有装备状况、修复技术水平以及维修生产管理机制选择修复技术。

### 6. 经济性

选择修复技术应考虑经济性。应将零件中的修复成本和零件修后使用寿命两方面结合起来，综合评价、衡量修复技术的经济性。

在生产中还须考虑因备件短缺而停机停产带来的经济损失。这时，即使所采用的修复技术的修复成本高，也还是合算的；相反，有一些易加工的简单零件，有时修复还不如更换经济。

## （二）机械零件修理工艺规程的拟定

为保证机械零件修理质量以及提高生产率和降低成本，需要在零件修理之前拟定零件修理工艺规程。拟定机械零件修理工艺规程的主要依据是：零件的工作状况和技术要求，企业设备状况和修理技术水平、生产经验和有关试验总结以及有关技术文件等。

### 1. 拟定机械零件修理工艺时应注意的问题

①在考虑怎样修复表面时，还要注意保护不修理表面的精度和材料的力学性能不受影响。

②注意有些修复技术用堆焊会引起零件的变形。安排工序时，应将产生较大变形的工

序安排在前面，并增加校正工序，将精度要求高、表面粗糙度值要求小的工序尽量安排在后面。

③零件修理加工时，须预先修复定位基准或给出新的定位基准。

④有些修复技术可能导致机械零件产生微细裂纹，应注意安排提高疲劳强度的工艺措施和采取必要的探伤检验等手段。

⑤修复高速运动的机械零件，应考虑安排平衡工序。

2. 编制机械零件修理工艺规程的过程

①熟悉零件的材料及其力学性能、工作情况和技术要求，了解损伤部位、损伤性质（磨损、腐蚀、变形、断裂）和损伤程度（磨损量大小、磨损均匀程度、裂纹深浅及长度），了解企业设备状况和技术水平，明确修复的批量。

②确定零件修复的技术和方法，分析零件修复中的主要问题并提出相应措施。安排修复技术的工序，提出各工序的技术要求，规范工艺设备和质量检验。

③征询有关人员意见并进行必要的试验，在试验分析基础上填写修理技术规程卡片，经主管领导批准后执行。

# 第二节 机械修复与焊接修复技术

## 一、机械修复技术

利用切削加工、机械连接和机械变形等使失效的机器零件得以恢复的方法，称为机械修复法。常用的机械修复技术有修理尺寸法、镶装零件法、局部修换法和金属扣合法。

### （一）修理尺寸法

相配合零件的配合表面磨损后，产生了尺寸误差及形状误差。对于相配合的主要零件，不再按原来的设计尺寸，而按新修改的尺寸，采用切削加工的方法恢复其形状和表面粗糙度的要求，与此件相配合的零件按新尺寸配作，保证原有配合性质不变，这种方法称为修理尺寸法。重新获得的尺寸，称为修理尺寸。

确定修理尺寸时，应先考虑零件结构可能性和零件强度是否足够，再考虑切削加工余量。对轴颈尺寸减小量，一般规定不超过原设计尺寸的10%。轴上的键槽磨损后，可根据实际情况放大一级尺寸。

使用机床加工零件磨损表面时，应先分析零件原始加工工艺，以便选择合理、可行的定位基准，还应注意选择刀具和切削用量，这样才能保证修理加工质量。

## （二）镶装零件法

配合零件磨损后，在结构和强度允许的条件下，镶加一个零件补偿磨损，恢复原有零件精度的方法，称为镶装零件法。常用的有扩孔镶套、加垫和机械夹固的方法。

箱体上的孔磨损后，可将孔镗大镶套，套与孔的配合应有适当过盈，也可再用螺钉固紧。套的内孔可事先按配合要求加工好，也可留有加工余量，镶入后再镗削加工到要求尺寸。

## （三）局部修换法

有些零件在使用过程中只有某个部位磨损严重，而其他部位尚好，这种情况下，可将磨损严重的部位切除，将这部分重制零件，用机械连接、焊接或黏结的方法固定在原来的零件上，使零件得以修复的方法，称为局部修换法。

## （四）金属扣合法

金属扣合法是利用扣合件的塑性变形或热胀冷缩的性质将损坏的零件连接起来，达到修复零件裂纹或断裂的目的。这种方法主要适用于大型铸件裂纹或折断部位的修复，还可用于修复不易焊修的钢件、有色金属件。按照金属扣合的性质及特点，金属扣合法主要有以下四种：

### 1. 强固扣合法

强固扣合法是先在垂直于零件裂纹或折断面的方向上，加工出一定形状和尺寸的波形槽，然后将形状与波形槽相吻合的键镶入槽中，在常温下铆击键部，使键产生塑性变形而充满槽腔，利用波形键的凸缘与波形槽的凹部相互扣合，使损坏的零件重新连接成一体，如图 6-1 所示。强固扣合法用于修复壁厚为 8 ~ 40 mm 的一般强度要求的薄壁机件。

### 2. 强密扣合法

修复有裂纹的高压密封机件应使用强密扣合法。它是在强固扣合法的基础上，再在裂纹或折断面的结合线上拧入涂有胶黏剂的螺钉，形成缀缝栓，达到密封的效果。

缀缝螺钉的直径一般取 3 mm，螺钉间距尽可能小。螺钉材料与波形键材料相同，也可用低碳钢或纯铜等软质材料。胶黏剂一般为环氧树脂或氧化铜 - 磷酸无机胶。

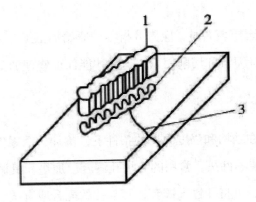

1- 波形键；2- 波形槽；3- 裂纹

图 6-1 强固扣合

### 3. 优级扣合法

修复承受高载荷的厚壁机件（例如水压机横梁、轧钢机主梁、辊筒等），为了保证修复质量，应使用优级扣合法。它是在使用波形键、缀缝栓的基础上，再镶入加强件，使载荷分布到更多面积上，满足机件承受高载荷的要求。

加强件的镶法是：在垂直于裂纹或断裂面的修复区域加工出形状、尺寸和加强件一样的空穴，再将加强件镶入其中，然后在结合处加工缀缝栓。

### 4. 热扣合法

修复大型飞轮、齿轮和重型设备机身的裂纹及折断面，可使用热扣合法。它是利用加热的扣合件在冷却过程中产生收缩而将开裂的机件扣紧。根据零件损坏的具体情况，热扣合件可设计成不同的形状。

由上述可知，金属扣合法的优点是：保证修复的机件具有足够的强度和良好的密封性，可以现场施工；施工中零件不会产生热变形和热应力。其缺点是：波形键与波形槽制造较麻烦，壁厚小于 8 mm 的薄壁机件不宜采用。

## 二、焊接修复技术

利用焊接方法修复失效零件的技术称为焊接修复技术。用于恢复零件尺寸、形状，并使零件表面获得特殊性能的熔敷金属时，称为堆焊。焊接修复技术应用广泛，可用堆焊修复磨损失效的零件，可以校正零件的变形。它具有焊修质量好、效率高、成本低、简便易行以及便于现场抢修等特点。

由于焊接方法容易产生焊接变形和应力，一般不宜修复较高精度、薄壳和细长类零件。

另外，焊接修复技术的应用受到焊接时产生的气孔、夹渣、裂纹等缺陷及零件焊接性能的影响，但随着焊接修复技术的进步，它的缺点大部分可以克服。

（一）堆焊

堆焊的主要目的是在零件表面堆敷金属。堆焊可以修复磨损的零件表面，恢复尺寸、形状要求，还可以改善零件表面的耐磨、耐蚀等性能。堆焊可以修复各种轴类、轧辊类零件以及工具、模具等。堆焊修复技术在农机、工程机械、冶金、石油化工等行业应用广泛。

1. 堆焊方法

常用的堆焊方法及其特点见表6-1。

表 6-1 常用堆焊方法及其特点

| 堆焊方法 | 材料与设备 | 特点 | 注意事项 |
|---|---|---|---|
| 电弧堆焊 | 使用堆焊焊条。设备有焊条电弧焊机、焊钳及辅助工具 | 用于小型或复杂形状零件的堆焊修复和现场修复。机动灵活，成本低 | 采用小电流，快速焊，窄缝焊，摆动小，防止产生裂纹。焊前预热，焊后缓冷，防止产生缺陷 |
| 埋弧自动堆焊 | 使用焊丝和焊剂。设备为埋弧堆焊机，具有送丝机构，随焊机拖板沿工作轴向移动 | 用于具有大平面和简单圆形表面零件的堆焊修复。具有焊缝光洁、接合强度高、修复层性能好、高效、应用广泛等优点 | 分为单丝、双丝，带极埋弧堆焊。单丝埋弧堆焊质量稳定，生产率不理想。带极埋弧堆焊熔深浅，熔敷率高，堆焊层外形美观 |
| 振动电弧堆焊 | 工件连续旋转。焊丝等速送进，并按一定频率和振幅振动。焊丝与工件间有脉冲电弧放电 | 用于曲轴承受交变载荷零件的修复。熔深浅、堆焊层薄而匀、耐磨性好，工件受热影响小 | 容易产生气孔、裂纹、表面硬度不均 |
| 等离子弧堆焊 | 使用合金粉末或焊丝作为填充金属。设备成本高 | 温度高，热量集中，稀释率低，熔敷率高，堆焊零件变形小，外形美观。易于实现机械和自动化 | 分为填丝法和粉末法两种。堆焊时噪声大，紫外线辐射强烈并产生臭氧。应注意劳动保护 |

续表

| 堆焊方法 | 材料与设备 | 特点 | 注意事项 |
| --- | --- | --- | --- |
| 氧－乙炔焰堆焊 | 使用焊丝和焊剂，常用合金铸铁及镍基、铜基的实心焊丝。设备有乙炔瓶、氧气瓶、减压器、焊炬和辅助工具等 | 成本低，操作较复杂，修复批量不大的零件。火焰温度较低，稀释率小，单层堆焊厚度可小于 1.0mm，堆焊层表面光滑 | 堆焊时可采用熔剂。熔深越浅越好，尽量采用小号焊炬和焊嘴 |

**2. 堆焊合金**

为了满足零件性能方面的要求，堆焊修复首先要选用合适的堆焊合金。目前，堆焊合金品种繁多，选择时可以结合零件的失效形式，选择焊接性能好、成本低的堆焊合金。

### （二）补焊

**1. 钢制零件的补焊**

机械零件补焊不仅要考虑材料的焊接性和焊后加工性要求，还要保持零件其他部位的完好，因此，机械零件的补焊比钢结构焊接要难。目前，钢制零件的补焊一般应用电弧焊。

一般低碳钢工件焊接性良好。中高碳钢工件焊接性差，容易在不同区域产生热裂纹、冷裂纹和氢致裂纹。为了防止中、高碳钢零件补焊过程中产生裂纹，可以采取以下措施：

①零件焊前预热，中碳钢一般为 150 ℃ ~ 250 ℃，高碳钢为 250 ℃ ~ 350 ℃。

②尽可能选用低氢焊条，以增强焊缝的抗裂性。

③采用多层焊，使结晶粒细化，改善性能。

④焊后热处理，以消除残余应力。一般中、高碳钢焊接后应先采取缓冷措施，再进行高温回火，推荐温度为 600 ℃ ~ 650 ℃。

**2. 铸铁件的补焊**

铸铁零件在机械设备零件中所占比例较大，而且大多是重要的基础件。由于这些零件体积大、结构复杂、制造周期长，所以损坏后常用焊接方法修复。

（1）铸铁件的补焊特点

①铸铁的含碳量高，焊接性能差。铸铁焊接时，由于零件吸热冷却速度快，在焊缝处易产生白口组织，其硬度高，难以切削加工，而且易产生裂纹。

②由于铸铁件结构复杂，补焊时会产生较大的焊接应力，容易引起零件变形，薄弱部位产生裂纹。

③铸铁件由于腐蚀，材料组织老化，从而使补焊更加困难。

（2）铸铁焊条的选择

①铸铁冷焊焊条的选择

铸铁冷焊指焊前工件不预热或预热温度低于200℃的焊接。铸铁冷焊时，要选用适宜的焊条，以使修复层得到良好的组织与性能，减轻冷却时的应力危害，有利于焊后加工。

②铸铁焊热焊条的选择

铸铁热焊可以用电弧焊和气焊。当使用气焊进行铸铁热焊时，如果铸铁中 $w_{si} < 2.5\%$，选用 QHT–1 焊条，其他可选用 QHT–2 焊条。

# 第三节 电镀修复技术

电镀是利用电解的方法，使金属或合金在零件基体表面沉积，形成金属镀层的一种表面加工技术。

常用的电镀修复技术有槽镀和电刷镀。槽镀时金属镀层种类繁多，设备维修中常用的有镀铬、镀铁、镀镍、镀铜及其合金等。

## 一、电镀

### （一）电镀的基本原理

电镀装置如图 6–2 所示。图中被镀零件为阴极，与直流电源的负极相连，金属阳极与直流电源的正极连接，阳极与阴极均浸入镀液中。

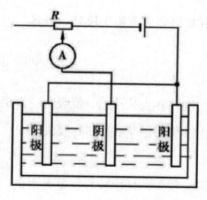

图 6–2 电镀装置示意图

电镀液由主盐、络合剂、附加盐、缓冲剂、阳极活化剂、添加剂等组成。主盐是指镀液中能在阴极上沉积出所要求镀层金属的盐，它的作用是提供金属离子。

电镀过程是镀液中金属离子在外电场的作用下，经电极反应还原成金属离子并在阴极上进行金属沉积的过程。

## （二）镀铬

镀铬层的性能和应用主要体现在：

1. 镀铬层的性能

镀铬层具有以下特性：

（1）硬度高、耐磨性好

镀铬层可获得的硬度为 400 ~ 1200 HV，温度在 300 ℃以下硬度无明显下降。滑动摩擦系数小，约为钢和铸铁的 40%。抗黏着性好，耐磨性比无镀铬层提高 2 ~ 50 倍。

（2）与基体结合强度高

镀铬层与钢、镍、铜等基体金属有较高的结合强度。镀铬层与基体金属表面的结合强度高于自身晶间结合强度。

（3）耐热、耐腐蚀，化学稳定性好

由于铬的熔点远高于铁的熔点，所以铁质材料的金属零件表面的镀铬层耐热性得以提高；又因为铬的化学性能比较稳定，镀铬层不易氧化而且耐腐蚀。

2. 镀铬层的应用

按用途不同，镀铬层可分为硬铬层、多孔铬层、乳白铬层、黑铬层和装饰铬层等。用于零件修复的镀铬层主要是硬铬层和多孔铬层。

（1）硬铬层

硬铬层具有很高的硬度和耐磨性，常用于模具、量具、刀具刃口等耐磨零件，也用于修复磨损件。

（2）多孔铬层

多孔铬层表面有无数网状沟纹和点状孔隙，能吸附一定量的润滑油，具有良好的润滑性，用于主轴、撑杆、活塞环、汽缸套等摩擦件的镀覆。

（3）乳白铬层

硬度稍低，结晶细小，网纹较少，韧性较好，呈乳白色，主要用于各种量具，适用受冲击载荷零件的尺寸修复和表面装饰。

修复不同类型的零件，镀铬层的厚度也不相同。用于模具、切削刀具刃口的镀铬层，厚度一般小于 12μm；用于液压缸中的柱塞，内燃机汽缸套的镀铬层，厚度一般为 12 ~ 50μm；用于防腐、耐磨但不重要的表面的镀铬层，厚度一般可在 50μm 以上。

3. 镀铬工艺

镀铬的一般工艺过程如下：

（1）镀前表面处理

①镀前加工

去除零件表面缺陷及锐边尖角，恢复零件正确的几何形状并达到表面粗糙度要求（一般取 $Ra ≤ 1.6 μm$）。如机床主轴，镀前一般要求加以磨削，但磨削量应尽量小。

②绝缘处理

不需要镀覆的表面要作绝缘处理，通常先刷绝缘性清漆，再包扎乙烯塑胶带，工件的孔要用铅堵牢。

③镀前清洗

镀前应该用有机溶剂、碱溶液等将零件表面清洗干净，然后用弱酸腐蚀，一般使用 10% ~ 15% 的硫酸溶液腐蚀 0.5 ~ 1 min，以清除零件表面的氧化膜，使表面显露出金属的结晶组织，增强镀层与基体金属的结合强度。

（2）电镀

将工件上挂具吊入镀槽，以工件作为阴极，铅或铅锑合金为阳极进行电镀。根据镀铬层种类和要求选定电镀规范，按时间控制镀层厚度。

修复磨损零件经常使用的镀液成分为铬酐（$CrO_3$）150 ~ 250 g／L，硫酸 1 ~ 2.5 g／L，3 价铬 2 ~ 5 g／L，工作温度为 55 ~ 60 ℃，电流密度为 15 ~ 50 A／$dm^2$。

（3）镀后检查和处理

①镀后检查镀层质量

观察镀层表面色泽以及是否镀满，测量镀后尺寸、镀层厚度及均匀性。若镀层厚度不够，可重新补镀；若镀层有起泡、剥落等缺陷，须退镀后重新电镀。

②热处理

对镀层厚度超过 0.1 mm 的较重要零件，应进行热处理，以消除氢脆，提高镀层韧性和结合强度。热处理一般在热的油和空气中进行，温度为 150 ~ 250 ℃，时间为 1 ~ 5 h。

③磨削加工

根据零件技术要求，进行磨削加工。镀层薄时，可直接镀到尺寸要求。

## （三）镀铁

镀铁层的成分是纯铁，它具有优良的耐磨性和耐蚀性，适于对磨损零件做尺寸补偿。修复性镀铁采用不对称交流－直流低温镀铁工艺。

不对称交流－直流低温镀铁工艺是在较低温度下以不对称交流电起镀，逐渐过渡到直流镀。不对称交流是指将对称交流电通过一定手段使两个半波不相等。通电后较大的半波使工件呈阴极极性，镀上一层金属；较小的另一半波使工件呈阳极极性，只将一部分镀层电解掉。若为两个相等的半波，镀层甚至基体金属将被电解掉。

1. 低温镀铁的特点

①能在常用金属材料（如碳钢、低合金钢、铸铁等）表面上得到力学性能良好的镀层。镀层与基体结合强度可达到 200 mPa 以上，硬度为 45 ~ 60 HRC，并且具有较高的耐磨性。

②沉积效率高，一次镀厚能力强。每小时可使工件直径加大 0.40 ~ 0.90 mm，一次镀厚可达 2 mm。

③成本低，污染小。

2. 低温镀铁的应用

由于镀铁层的细晶粒结构和表面呈网状，而使其硬度高、储油性能好，具有优良的耐磨性，可用于修复有润滑的一般机械磨损条件下工作的间隙配合副的磨损表面。由于镀铁层的结合强度高、硬度高，因而能够满足一般部位工件的使用要求，可用于修复过盈配合副的磨损表面和用于补偿零件加工尺寸的超差。另外，当零件的磨损量较大又需要耐腐蚀时，可用镀铁层做底层或中间层，补偿磨损的尺寸，然后再镀防腐蚀性能好的镀层。但镀铁层的热稳定性较差，当镀铁层被加热到 600 ℃，冷却之后硬度会下降。镀铁不宜用于修复在高温、腐蚀环境，承受较大冲击载荷、干摩擦或磨料磨损条件下工作的零件。

## （四）镀镍

镍具有很高的化学稳定性，在常温下能防止水、大气碱的侵蚀，镀镍的主要目的是防腐和装饰。镀镍层的一些力学性能和耐氯化物腐蚀性能优于镀铬层，应用更为广泛。例如：造纸、皮革、玻璃等制造业用轧辊表面镀镍，可耐腐蚀、抗氧化；滑动摩擦副表面镀镍，可防擦伤。

镀镍层根据用途可分为暗镍光亮镍、高应力镍、黑镍等。镀镍层的硬度因工艺不同可为 150 ~ 500 HV，暗镍硬度为 200 HV 左右，而光亮镍硬度可接近 500 HV。在机械维修中，光亮镍可用于修复磨损、腐蚀的零件表面。

镀光亮镍时，电镀液主要分为硫酸300 ~ 350 g／L、氯化镍40 ~ 50 g／L、硼酸40 ~ 50 g／L、十二烷基硫酸钠0.1 ~ 0.2 g／L，为提高硬度可添加适量的含硫有机化合物。温度为50 ℃ ~ 55 ℃，pH=3.8 ~ 4.4，电流密度为2 ~ 10 A／$dm^2$，阳极为电解镍或铸铁镍。

### （五）镀铜

镀铜层较软，延展性、导电性和导热性好，常用于镀铬层和镀镍层的底层、减磨层以及热处理时的屏蔽层等。

### （六）电镀合金

电镀时，在阴极上同时沉积出两种或两种以上金属，形成结构和性能符合要求的镀层的工艺过程，称为电镀合金。电镀合金可获得许多单金属镀层所不具备的优异性能。在待修零件表面可电镀锡铜 – 锡合金（青铜）、铜 – 锌合金（黄铜）、铅 – 锌合金等，作为修补层和耐磨层使用。

## 二、电刷镀技术

电刷镀是在工件表面快速沉积金属的技术，其本质是电镀。电刷镀时，依靠一个与阳极接触的垫或刷提供所需要的电解液，垫或刷在工件（阴极）上移动而得到所需要的镀层。

电刷镀主要用于修复磨损零件表面和局部损伤，而且能够改善零件表面的耐磨、耐蚀和导电等性能，还可完成槽镀难以完成的项目等。

电刷镀的结合强度高，镀层厚度可以控制，设备和工艺简单，可现场修复，能够满足多种维修性能的要求。电刷镀技术发展迅速，已得到广泛应用。

### （一）电刷镀工作原理

电刷镀工作原理如图6-3所示。镀笔与电源的正极连接，作为电刷镀的阳极；将处理好的工件与电刷镀的负极连接，作为电刷镀的阴极。镀笔以一定的相对速度在工件表面上移动，并保持一定的压力。在镀笔与工件接触部位，镀液中的金属离子在电场力的作用下向工件表面迁移，从工件表面获得电子被还原成金属原子，这些金属原子沉积结晶形成镀层。随着刷镀时间的延长，镀层逐渐增厚，直至达到所需厚度。

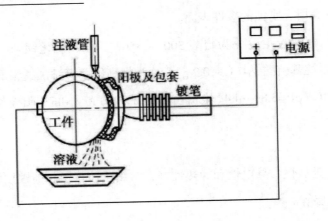

图 6-3 电刷镀工作原理示意图

### (二) 电刷镀设备

电刷镀设备包括电刷镀电源、镀笔及辅助工具。

1. 电刷镀电源

电刷镀电源由整流电路、安培小时计或镀层厚度计正负极转换装置、过载保护电路及各种开关仪表等组成。

（1）整流电路

整流电路供给无级调节的直流电压和电流，一般输出电压范围为 0 ~ 30 V，电流范围为 0 ~ 150 A。经常将电流和电压分为以下几个等级配套使用：15 A、20 V、30 A、30 V 或 60 A、35 V 和 100 A、40 V 等。

（2）安培小时计

安培小时计的作用是通过直接计量电刷镀时所耗的电量来间接指示已镀镀层的厚度。

（3）正负极转换装置

正负极转换装置用来完成任意选择正极或负极的操作，以满足电镀过程中不同工序的要求。

（4）过载保护电路

过载保护电路的作用是在电流过载或发生短路时快速切断电流，保护电源、设备和工件。

2. 镀笔

镀笔主要由阳极、散热手柄体、绝缘手柄组成，如图 6-4 所示。

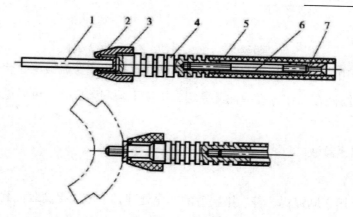

1-阳极；2-"0"形密封圈；3-螺母；4-散热手柄体；

5-绝缘手柄；6-导电杆；7-电缆线插座

图 6-4 镀笔结构图

（1）阳极

镀笔的阳极材料选用高纯度细结构石墨或铂–铱合金。依据被镀零件的形状，将阳极制成圆柱形、平板形、瓦片形等不同形状。阳极用棉花和针织套包裹，用来储存镀液，防止阳极与工件直接接触，过滤石墨粒子。

（2）散热手柄体

散热手柄体一般选用不锈钢制作，尺寸较大的也可选用铝合金制作。散热手柄体一端与阳极连接，另一端与导电杆连接。

（3）绝缘手柄

镀笔上的绝缘手柄常用塑料或胶木制作，套在用纯铜制作的导电杆外面，使导电杆一头与电源电缆接头连接。

3.辅助工具

辅助工具包括能够装填工件并按一定转速旋转的机器和供液、集液装置。可以用卧式车床带动工件旋转，使用镀液循环泵连续供给镀液，用容器收集流淌下来的溶液供循环使用。

（三）电刷镀溶液

电刷镀溶液是电刷镀技术的关键。电刷镀溶液按不同用途分为镀前表面处理溶液、镀液、钝化液和退镀液。

1.镀前表面处理溶液

镀前表面处理溶液的作用是除去镀件表面油脂和氧化膜，以便获得结合牢固的刷镀层。

**2. 镀液**

电刷镀时使用的金属镀液很多，根据化学成分可分为单金属镀液、合金镀液和复合金属镀液。电刷镀溶液在工作过程中性能稳定，中途不须调整成分，可以循环使用，无毒、不燃、腐蚀性小。

**3. 钝化液和退镀液**

**（1）钝化液**

钝化液主要用于刷镀铝、锌、铬层后的钝化处理，生成能提高表面耐蚀性的钝态氧化膜。有铬酸钝化液、硫酸盐及磷酸盐钝化液等。

**（2）退镀液**

退镀液主要用于退出镀件不合格镀层或损坏的镀层。退镀液品种较多。使用退镀液时，应注意对基体的腐蚀问题。

## （四）电刷镀工艺

电刷镀工艺过程包括镀前表面处理、镀件刷镀和镀后处理。

**1. 镀前表面处理**

镀件在刷镀之前应进行表面处理，包括表面修整、表面电净处理和表面活化处理。

**（1）表面修整**

表面修整是使用机械加工的方法去除工件表面的毛刺、疲劳层、磨损层，使表面光洁平整，并修正几何形状，表面粗糙度 $Ra$ 值一般不高于 1.6 μm。当镀件表面有油污时，应使用清洗剂清洗。镀件表面有锈蚀物时，应使用机械方法清除。

**（2）表面电净处理**

表面电净处理是在表面修整基础上，用镀笔蘸电净液，通电后使电净液成分离解，形成气泡，撕碎工件表面油膜，去除表面油脂。电净时，镀件一般接电源负极，但对于某些容易渗氢的钢件，则应接电源正极。

电净时工作电压和时间应根据镀件材质和表面形状而定。电净之后用清水冲洗干净，表面应无油迹和污物。

**（3）表面活化处理**

表面活化处理是使用活化液通过腐蚀作用去除工件表面氧化膜，以便提高镀层结合力。活化时，镀件接电源正极，用镀笔蘸活化液反复在刷镀表面刷抹。低碳钢活化后，表面呈均匀银灰色，无花斑。

2. 镀件刷镀

镀件刷镀应当先刷镀过渡层，再刷镀工作层。

（1）刷镀过渡层

刷镀过渡层的作用是改善基体金属的可镀性和提高工作镀层的稳定性。

常用的过渡层镀液有特殊镍溶液和碱铜溶液。特殊镍溶液（SDY101）用于一般金属，特别是钢、不锈钢、铬、铜和镍等材料上做底层，一般刷镀为 2 μm。碱铜溶液（SDY403）常用在铸钢、铸铁、锡和铝等材料上做底层，碱铜过渡层厚度限于 0.01 ~ 0.05 mm。

刷镀过渡层应按规范操作，镀好后用清水冲净。

（2）刷镀工作层

根据镀件选用工作镀液，按工艺规范刷镀到所需厚度。刷镀同一种镀层一次连续刷镀厚度不能过大，因为随着镀层厚度的增加，镀层内残余应力随之增大，可能使镀层产生裂纹或剥离。

当需要刷镀较厚的镀层时，可采用多种性能的镀层，交替刷镀来增加镀层厚度，这种镀层称为组合镀层。但组合镀层的最外一层，必须是所选的工作镀层。

3. 镀后处理

镀件刷镀完成后，应进行镀后处理，清洗干净残留镀液并干燥，检查镀层色泽有无起皮、脱层等缺陷，测量镀层厚度。若镀件不再机械加工，应涂油防锈。

# 第四节 黏结与黏涂修复技术

## 一、黏结修复技术

采用胶黏剂进行连接达到修复目的的技术称为黏结修复技术。黏结技术可以将各种金属和非金属零件牢固地连接起来，达到较高的强度要求，可以部分代替焊接、铆接、过盈连接和螺栓连接。黏结技术操作简单、成本低廉，黏结层密封防腐性能好，耐疲劳强度高，因而得到广泛应用。但是，由于胶黏剂不耐高温，黏结层耐老化性、耐冲击性、抗剥离性差等原因，因此限制了黏结技术的应用。

（一）结黏基本原理

胶黏剂将两个相同或不同的材料牢固地黏结在一起，主要是通过黏结力的作用。解释黏结力产生的有机械、吸附、扩散、化学键以及静电五种理论。

机械理论认为，被黏物表面都有一定的微观不平度，胶黏剂渗透到这些凹凸不平的沟痕和孔隙中，固化后便形成无数微小的"销钉"，在界面区产生了啮合力。

吸附理论认为，黏结是在表面上产生类似吸附现象的过程，胶黏剂中的有机大分子逐渐向被黏物表面迁移，当距离小于 0.5 μm 时，能够相互吸引，产生分子间作用力。

分子间作用力是黏结力的主要来源，它普遍存在于黏结体系中。

## （二）胶黏剂的种类及选择

1. 胶黏剂的种类

（1）按胶黏剂的用途分类

按胶黏剂用途不同可分为结构胶、通用胶、特种胶三大类。结构胶黏结强度高，耐久性好，用于承受应力大的部位；通用胶用于受力小的部位；特种胶主要满足耐高温、耐超低温、耐磨、耐蚀、导电、导热、导磁以及密封等特殊的要求。

（2）按固化过程的变化分类

按固化过程的变化不同可分为反应型、溶剂型、热熔型和压敏型等胶黏剂。

2. 胶黏剂的选择

选择胶黏剂时要明确黏结的目的，了解被黏物的特性，熟悉胶黏剂的性质及其使用条件，还须考虑工艺和成本。

3. 黏结工艺

（1）黏结接头的形式

黏结接头的形式是保证黏结承载能力的主要环节之一，应尽可能使黏结接头承受剪切力，避免剥离和不均匀扯离力，增大黏结面积，提高接头承载能力。

（2）被黏物表面处理

表面处理的目的是获得清洁、粗糙的活性表面，以获得牢固的黏结接头。表面清洁可以用丙酮、汽油、三氯乙烯等有机溶剂擦拭，或用碱液处理脱脂去油。用锉削、打磨、粗车、喷砂等方法除锈及氧化膜，并粗化表面，金属件的表面粗糙度以 $Ra$ 值为 12.5 μm 为宜。经机械处理后，再将表面清洗干净，干燥后待用。必要时，还可采用酸洗、阳极处理等方法。

（3）配胶

多组分的胶配制时，要按规定的配比和调制程序现用现配，搅拌均匀，避免混入空气。不须配制的成品胶使用时摇匀或搅匀。

（4）涂胶

对于液态胶可采用刷涂、刮涂、喷涂和用滚筒布胶等方法。一般胶层厚度控制在 0.05 ~ 0.2 mm 为宜，涂胶应均匀，无气孔。

（5）晾置

含有溶剂的黏结剂，涂胶后应该晾置一定时间，以使胶层中的溶剂充分挥发，增加黏度，促进固化。对于无溶剂的环氧胶黏剂，一般不需要晾置。

（6）黏合

将涂胶后或适当晾置的已粘表面叠合在一起的过程称为黏合。黏合后要适当按压、锤压或滚压，将空气挤出，使胶层密实。黏合后以挤出微小胶圈为宜，表示不缺胶。

（7）固化

胶黏剂在一定的温度、时间、压力的条件下，通过溶剂挥发、熔体冷却导液凝聚的作用，变为具有一定强度的固体的过程称为固化。胶黏剂的品种不同，固化的温度也不相同。加温固化的方式有电热鼓风干燥箱加热法、蒸汽干燥室加热法、电吹风加热法、红外线加热法、高频电加热法以及电子束加热法等，固化时升温和降温应该缓慢。温度升到黏结剂的流动温度时，要保温一段时间，然后再继续升温到所需温度。固化时，应按胶黏剂品种规定的固化温度、时间、压力的标准进行操作。

（8）检验

黏结之后，应对黏结质量认真检查。简单的检验方法有观察外观、敲击听声音、水压或油压试验法等。先进的技术方法有超声波法、射线法、声阻法、激光法等。

（9）黏结后加工

检验后的黏结件需要将黏结表面多余胶剂刮去，并修整光滑，也可用机械加工方法达到修复要求。

黏结可代替焊接、铆接，将形状简单的零件黏结成型状复杂的零件。利用黏结技术可在机床导轨上镶嵌黏结塑料或其他材料的导轨板，不仅降低摩擦系数，减少磨损，而且对导轨有良好的保护作用。黏结修复技术在机械设备维修中的使用日益广泛。

## 二、表面黏涂技术

表面黏涂修复技术是黏结技术的一个最新发展分支，黏结主要通过胶黏剂实现零件的连接，表面黏涂则是指在零件表面涂敷特种复合胶黏剂，在零件表面形成某种特殊功能涂层的一种表面强化和表面修复的技术。特殊功能指耐磨、耐腐蚀、绝缘、导电、保温、防辐射等某个方面的要求。

## （一）黏涂层

**1. 黏涂层的组成**

黏涂层由基料、固化剂、特殊填料和辅助材料组成。

（1）基料

基料的作用是将涂层中的各种材料包容并牢固地黏着在基体表面形成涂层。其种类有热固性树脂类、合成橡胶类。

（2）固化剂

固化剂的作用是与基料产生化学反应，形成网状立体聚合物，将填料包络在网状体中，形成三向交联结构。

（3）特殊填料

特殊填料在涂层中起着耐磨、耐腐蚀、绝缘、导电等作用。其种类有金属粉末、氧化物、碳化物、氮化物、石墨、二硫化铝和聚四氟乙烯等，可根据涂层的功能要求选择不同的填料。

（4）辅助材料

辅助材料的作用是改善黏涂层性能（如韧性、抗老化性等），它包括增韧剂、增塑剂、同化促进剂、消泡剂、抗老剂和偶联剂等。

按照使用要求，根据以上组成材料的作用，经过试验，选择合适成分，配制成适用的黏涂层。

**2. 黏涂层的分类**

①按基料可分为无机涂层和有机涂层，其中有机涂层又可分为树脂型、橡胶型和复合型。

②按填料可分为金属修补层、陶瓷修补层和陶瓷金属修补层。

③按用途可分为填补涂层、密封堵漏涂层、耐磨涂层、耐腐蚀涂层、导电涂层以及耐高（低）温涂层等。

**3. 黏涂层的性能**

使用黏涂技术修复机械零件一般要求黏涂层与基体的抗剪强度在 100 mPa 以上，抗拉强度在 30 mPa 以上，抗压强度在 80 mPa 以上。黏涂层的主要性能有：黏着强度、抗压强度、冲击强度、硬度、摩擦性、耐磨性、耐化学腐蚀性、耐热性和绝缘或导电性等。

## （二）表面黏涂修复技术的应用

表面黏涂修复技术近年来发展迅速，广泛应用于零件的耐磨损、耐腐蚀修复，应用于修补零件裂纹、铸件缺陷以及密封、堵漏。尤其适用于无法焊接的零件和薄壁件的修复，以及对燃气罐、储油箱、井下设备等特殊工况和特殊部位的修复。

表面黏涂与其他修复技术配合使用，取长补短，可获得理想的修复效果。例如，大型油缸缸套或活塞上深度研伤、拉伤，可先用 TG205 耐磨修补剂填补，再用 TG918 导电修补剂黏涂，最后用电刷镀在导电修补剂上刷镀金属层，可满足修复要求。

黏涂层材料一般是糊状物质，使用时应按规定配方比例制取，混合均匀，涂敷在处理后的基体表面上。

黏涂层涂敷工艺一般可归纳为五个步骤：表面处理、配胶、涂敷、固化和修整加工。

# 第五节 热喷涂和喷焊技术

用高温热源将喷涂材料加热至熔化状态，通过高速气流使其雾化并喷射到经过处理的零件表面，形成一层覆盖层的过程，称为热喷涂。将喷涂层继续加热，使之达到熔融状态而与基体形成冶金结合，获得牢固的工作层，称为喷焊。

## 一、热喷涂技术

### （一）概述

1. 热喷涂原理

喷涂装置将粉末状的喷涂材料高温熔化并由高速气流雾化。圆形雾化颗粒被加速喷射到工件基体表面，由于受阻变形为扁平形状。先喷射到的颗粒与工件表面粗糙的凹凸处产生机械咬合，随后喷射到的颗粒与先到的颗粒互相咬合。大量颗粒互相挤嵌堆积，形成了喷涂层。

2. 热喷涂特点

（1）用途广泛

热喷涂可以用于修复磨损的零件，如各种轴类零件的轴颈、机床上的导轨和床鞍；可用于修复铸件缺陷，如喷涂大型铸件加工中发现的砂眼、孔穴等；可以使用各种金属、非金属喷涂材料以提高零件表面性能，如耐磨性、耐蚀性。

（2）工件受热影响小

由于雾化颗粒喷涂到工件表面结层的时间短，又可采取分层、间断的喷涂方法，所以，工件受热温度低，工件热变形小。

（3）工艺简便灵活

喷涂设备比较简单，移动方便，可现场作业。施工范围广，喷涂层厚度可以从 0.05 mm 到几毫米。

热喷涂的缺点是：喷涂层与工件基体表面的结合强度低，一般为 40 ~ 90 mPa，不能承受交变载荷和冲击载荷。喷涂层为多孔组织，容易存油，有利于润滑，但不利于防腐蚀。

## （二）热喷涂分类

按照热源的不同，热喷涂技术分为氧 – 乙炔火焰喷涂、电弧喷涂、等离子喷涂等。

1. 氧 – 乙炔火焰喷涂技术

（1）基本原理与应用

氧 – 乙炔火焰喷涂技术是以氧 – 乙炔火焰为热源，以金属合金粉末为涂层材料的热喷涂技术。其工作原理如图 6–5 所示，粉末材料由高速气流带入喷嘴出口的火焰区，加热到熔融状态后再喷射到制备好的工件表面，沉积形成喷涂层。

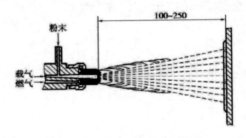

图 6–5 粉末火焰喷涂原理图

氧 – 乙炔火焰喷涂设备主要包括喷枪、氧气和乙炔储存器（或发生器）、喷砂设备、电火花拉毛机、表面粗化用具及测量工具等。

氧 – 乙炔火焰喷涂技术可用于修复各种工作面的磨损、划伤、腐蚀等，但不适于承受高应力交变载荷零件的修复。

（2）氧 – 乙炔火焰喷涂工艺

氧 – 乙炔火焰喷涂工艺包括喷涂表面预处理、喷涂和喷涂后处理等过程。

①喷涂表面预处理

为了提高涂层与基体表面的结合强度，在喷涂前对基体表面进行清洗、脱脂和表面预加工及预热几道工序。

a.清洗、脱脂

清洗、脱脂主要针对工件待喷区域及其附近表面的油污、锈和氧化皮层，采用碱洗法或有机溶剂洗涤法进行清除。碱洗法是将工件基体表面放到氢氧化钠或碳酸钠等碱性溶液中，待基体表面的油脂溶解后，再用水冲洗。有机溶剂洗涤法是使用丙酮、汽油、三氯乙烯或过氯乙烯等某种溶液将基体表面的矿物油溶解掉，再加以清除。对于铸铁材料零件的清洗，由于基体组织疏松，表面清洗、脱脂后，还需要将其表面加热到250℃左右，尽量将油脂渗透到表面，然后再加以清洗。对于基体氧化膜的处理，一般采用机械方法，也可用硫酸或盐酸进行酸洗。

b. 预加工

预加工主要是去除待喷表面的疲劳层，渗透硬化层、镀层和表面损伤，预留涂层厚度，使待喷表面粗糙化，以提高喷涂层与基体的机械结合强度。应在喷涂前4～8 h内对工件表面进行粗糙化处理。常用的表面粗糙化处理方法有喷砂法、切削加工法、化学腐蚀法和电火花拉毛法等。

喷砂法。这是最常用的表面粗糙化处理方法，一般使用喷砂机将砂粒喷射到工件表面，砂粒有氧化铝砂、碳化硅砂和冷硬铁砂。可根据工件材料和表面硬度选择使用，砂粒应清洁锐利。喷砂机以除油去水的洁净压缩空气为动力，采用压送式喷砂，操作方便。喷砂过程中要有良好的通风吸尘装置，注意劳动保护和环境保护。喷砂表面粗糙度一般能满足喷涂要求，除极硬的材料表面外，不应出现光亮表面。经喷砂处理的工件应保持清洁，尽快进行喷涂。

切削加工法。通常利用车削加工出螺距为0.3～0.7mm、深为0.3～0.5mm的螺纹，或采取开槽、滚花等方式。该方法的优点是限制了涂层表面的收缩应力，增大了涂层与基体表面的接触面，可提高结合强度。磨削也可以应用于表面的粗糙化处理。

化学腐蚀法。它是利用对工件表面的化学腐蚀形成粗糙表面的。

电火花拉毛法。它是将细的镍丝作为电极，在电弧作用下，电极材料与基体表面局部熔合，产生粗糙的表面。该法适用于硬度比较高的基体表面，而不适用于比较薄的零件表面。

c. 预热

预热可去除表面吸附的水分，减少基体表面与涂层的温差，降低涂层冷却时的收缩应力，提高结合强度，防止涂层开裂和剥落。预热可直接使用喷枪，用中性氧－乙炔火焰对工件直接加热，也可在电炉、高频炉中进行，预热温度在200 ℃为宜。

②喷涂

对经表面预处理后的零件应立即使用喷枪喷涂结合层和工作层。

a. 喷枪

喷枪是氧－乙炔火焰喷涂的主要工具。国产喷枪大体可分为两种：中小型和大型。中小型喷枪主要用于中小型和精密零件的喷涂和喷焊，适用性强。大型喷枪主要用于大型零件的喷焊，生产率高。

中小型喷枪的结构基本是在气焊枪结构上加一套送粉装置。当粉阀不开启时，其作用与普通气焊枪相同，可做喷涂前的预热。当按下粉阀开关阀柄，粉阀开启时，喷涂粉末从粉斗流入枪体，随氧 – 乙炔混合流被熔融，喷射到工件上。

b. 喷涂材料

喷涂材料绝大多数采用粉末，此外，还可使用丝材。喷涂用粉末分为结合层粉末和工作层粉末。

结合层粉末。在经过表面粗糙化的工件基体表面先要喷涂结合层粉末，也称为打底层，它的作用是提高基体与工作层之间的结合强度。结合层粉末常选用镍、铝复合粉，分为镍包铝粉和铝包镍粉。在喷涂过程中，粉末被加热到 600 ℃以上时，镍和铝之间就产生强烈的放热反应；同时，部分铝还被氧化，产生更多的热量，使粉末与工件表面接触处瞬间达到 900 ℃以上的高温，在此高温下镍会扩散到母材中去，形成微区冶金结合。大量的微区冶金结合，可以使涂层的结合强度显著提高。

工作层粉末。底层喷涂完后应立即喷涂工作层。工作层粉末既要满足表面使用条件，同时还要与结合层可靠地结合。氧 – 乙炔火焰喷涂工作层粉末种类很多，有纯金属粉、合金粉、金属包覆粉、金属包陶瓷复合粉等。按成分可划分为三大类：镍基、铁基和铜基。选用时应考虑粉末热膨胀系数尽可能与工件接近，以免产生较大的收缩应力，要求粉末的熔点低、流动性好、粒度均匀、球形好。耐磨性能的涂层可选用成本低的铁基合金粉末，耐磨耐腐蚀等综合性能的涂层可选用钴包碳化钨粉末。

近年来，研制出一种一次性喷涂粉末，它是将结合层粉末和工作层粉末作为一体，既有良好的结合性能，又有良好的工作性能，使用也很方便，应是喷涂粉末的发展方向。

喷涂材料品种繁多，使用时可参考各厂家提供的样本，或查询有关信息。

c. 喷涂工作层

工作层要分层喷，每道涂层厚度为 0.1 ~ 0.15 mm，最厚不得超过 0.2 mm，工作层总厚度应不超过 1 mm。旋转工件的线速度为 20 ~ 30 m／min、喷枪移动速度为 3 ~ 7 mm／r，喷涂距离为 150 ~ 200 mm，粉末粒度选用 0.08 ~ 0.71 mm。使用铁基粉末时，采用弱碳化焰；使用铜基粉末时，采用中性焰；使用镍基粉末时，介于两者之间。喷涂时，工件温度以不超过 250 ℃为宜，可用间歇喷涂的方法控制升温过高。

喷涂层的质量主要取决于送粉量和喷涂距离。

③喷涂后处理

喷涂完毕，应缓慢自然冷却。由于大多数喷涂工艺所获得的涂层具有孔隙，对表面喷涂层有耐磨要求的零件，可在喷后趁热放入 200 ℃润滑油中浸泡 30 min，利用孔隙储油有利于润滑。对需要进行磨削加工的喷涂层，为了防止磨粒污染孔隙，应在喷涂完毕后立即用石蜡封孔，以防止涂层被污染，同时还可作为润滑剂。对于在腐蚀条件下工作的零件和承受液压的零件，表面喷涂层的封孔应选择耐化学性、稳定性、浸透性均好的封孔剂，一般可用环氧树脂刷涂。当喷涂层的尺寸精度和表面粗糙度不能满足要求时，可采用车削或磨削方法进行加工。

### 2. 电弧喷涂技术

电弧喷涂是以电弧为热源，将熔化了的金属丝用高速气流雾化并喷射到工件基体表面而形成喷涂层的一种工艺。用于熔化金属的电弧产生于两根连续送进的金属丝之间，金属丝通过导电嘴与电弧喷涂电源相连，压缩空气从喷嘴喷出，将熔化的金属雾化成细小粒滴喷向工件表面，形成厚 0.5 ~ 5 mm 的喷涂层。

电弧喷涂由于电弧温度高使喷射的粒子热能高，又由于粒子的质量较大、速度高而具有较大的动能，因此，部分高热能、高动能粒子会与基体发生焊合现象而提高结合强度。若采用两种性能不同的金属丝作为电弧喷涂材料时，两种金属粒子紧密结合，可使喷涂层兼有两种金属的性能，可获得"假合金"。电弧喷涂具有生产率高等优点，它的主要缺点是喷涂层组织较粗，工件温升高，需要成套设备，成本高。

## 二、喷焊技术

### （一）概述

喷焊是将喷涂在工件表面的自熔性粉末涂层，用高于喷涂层熔点而低于工件熔点的温度（1000 ℃ ~ 1300 ℃）使喷涂层颗粒熔化，生成的硼化物和硅化物弥散在涂层中，使颗粒间和基体表面润湿，通过液体合金与固态工件基体表面的互溶与扩散，使致密的金属结晶组织与基体形成 0.05 ~ 0.1 mm 的冶金结合层。喷焊层与基体结合成焊合态，其结合强度升高到 400 MPa，与喷涂层相比，其与基体的结合强度高，可承受冲击载荷，抗疲劳，组织致密，耐磨，耐腐蚀。

喷焊技术适用于承受冲击载荷，要求表面硬度高、耐磨性好的零件修复。例如，挖掘机铲斗齿、破碎机齿板等。

### （二）氧 – 乙炔火焰喷焊技术

#### 1. 喷焊粉末

喷焊选用的粉末是熔点低于基体材料的自熔性合金粉末，这种合金粉末是以镍、钴、铁为基体的合金。使用时，可根据标准规定的氧－乙炔喷焊合金粉末化学成分和物理性能，结合厂家产品样本选用。

2. 一步法喷焊

一步法喷焊是使用同一支喷枪边喷粉边重熔的操作方法。

喷焊前表面预处理的方法与喷涂前表面预处理基本相同。如果工件表面有渗碳层或渗氮层，预处理时必须清除。工件预热温度，一般碳钢为 200 ℃ ~ 300 ℃，耐热奥氏体钢为 350 ℃ ~ 400 ℃。火焰使用中性火焰或弱碳火焰。

工件达到预热温度后，立即在待喷表面均匀喷涂厚 0.1 ~ 0.2 mm 的合金粉末，将工件表面保护起来，以防表面氧化；然后用火焰集中加热工件某一局部区域，待已喷涂粉末熔化并出现润湿时，立即按动送粉开关进行喷粉到适当厚度，并用同一火焰将该区域涂层重熔。待新喷涂层出现"镜面反光"后，再将火焰均匀缓慢移动到下一局部区域。重复上述过程，直到喷焊完成整个工件表面。喷嘴与工件表面的距离为：喷粉时 50 mm 左右，热重熔时 20 mm 左右，喷焊层厚度一般为 0.8 ~ 1.2 mm。

喷焊后处理采用均匀缓冷或等温退火。

一步法喷焊对工件输入的热量小，工件变形小，应用于小型零件或小面积喷焊。

3. 二步法喷焊

二步法喷焊是将喷粉和重熔分为两道工序，即先喷粉后重熔。不一定使用同一喷枪，甚至可以不使用同一热源。

喷焊前表面预处理和一步法喷焊相同。

工件整体预热后，均匀喷涂 0.2 mm 保护层，喷涂距离为 150 ~ 200 mm；然后继续加热至 500 ℃ 左右，再在整个表面多次均匀喷粉，每一层喷粉厚度不超过 0.2 mm，达到预计厚度后停止喷粉，然后开始重熔。

使用重熔枪，用中性火焰对喷涂层进行重熔处理。喷焊距离为 40 mm，将涂层加热至固－液相线之间的温度，当喷焊层出现"镜面反光"时，说明达到重熔温度，即向前移动火焰进行下一个部位的重熔。每次喷焊的厚度为 1 mm 左右。若重熔厚度不够，可在温度降到 650 ℃ 左右时再进行二次喷粉和重熔，最终的喷焊层厚度可控制在 2 ~ 3 mm。

喷焊后热处理，可采取空气中自然冷却、缓冷或等温退火。中低碳钢、低合金钢工件，薄喷焊层、形状简单铸铁件，采用空气中自然冷却方法。锰、钼、钒合金含量较高的结构钢件、厚喷焊层，形状复杂的铸铁件，采用在石灰坑中缓冷或采用石棉包裹缓冷的方法。

根据工件的需要，可使用车削或磨削方法对喷焊层进行精加工。二步法喷焊对工件输入的热量较多，工件变形大，但生产率高，适用于回转件及大面积喷焊。

# 第七章 故障分析与处理

机械故障，就是指机械系统（零件、组件、部件或整台设备乃至一系列的设备组合）的各项技术指标已偏离其设备的正常状态而丧失部分或全部功能的现象。如某些零件或部件损坏，致使工作能力丧失；发动机功率降低；传动系统失去平衡和噪声增大；工作机构的工作能力下降；燃料和润滑油的消耗增加等，当其超出了规定的指标时，均属于机械故障。

## 第一节 常见机械故障

### 一、减速机油温过高故障

故障现象：运行中控制室仪表盘减速机油温指示灯不停闪动，表明减速机油温不在正常范围之内或者油泵电机过载。

故障处理：用手持温度测量计测量减速机外部温度比正常高 10 ℃，进一步检查发现，油泵电机不工作，所以减速机油不能强制外部循环以降低温度，造成了内部油温过高。由于油泵电机出问题很少，再者开车以后动力室内噪声很大，所以不太好发现油泵电机不工作，根据这个特点，应定期检查油泵电机是否正常工作，必要时进行强制更换。

### 二、冻雨造成托压索轮冻结

故障现象：为避免雨雪天气托压索轮组冻结，夜晚索道低速运行时出现脱索故障停车。多支架索轮因结冰不能旋转，轮衬磨透进而钢丝绳开始磨损轮毂。

故障处理：降雪时，持续的低速运行能够有效地避免托压索轮组冻结。出现冻雨或雨夹雪时，应果断停止运行。待天气允许时确认具备运行条件时再开车，避免故障扩大。

### 三、抱索器弹簧断裂

故障现象：定期对抱索器拆解检查时，（见图7-1），断面位于操作臂连杆端的弹簧第3圈处，断面周围有锈迹。

故障处理：对抱索器拆解检查时，要采取敲击螺旋弹簧听辨声音是否清脆，对敲击声沉闷的螺旋弹簧及时更换。

图7-1 断裂的抱索器弹簧

### 四、制动液压系统频繁启动

故障现象：制动系统电机在索道运行中启动比较频繁，有时每隔几分钟就重新启动电机打压。

故障处理：整个系统未发现有外泄漏点（见图7-2）。造成工作闸回路系统压力下降很快，电机频繁启动打压。

图7-2 梭阀

### 五、抱索器平衡轮脱出平衡轨

故障现象：站口突起大风，进站吊厢大幅度摆动，平衡轮脱出导向槽后卡住，造成进站防撞故障急停。

故障处理：停车后，机电人员立即上平台进行整体检查，发现31号车厢由于大风骤至及车厢内乘客分布不平衡，导致车厢大幅度横向摆动，在抱索器脱开运载索后平衡轮上沿卡在平衡轨的上边缘，造成车厢卡死在平衡轨内导致故障停车。平衡轨设计不合理，上翼板较窄。对平衡轨上翼板加宽改造，增强了抗风能力。

### 六、电磁牙嵌式离合器卡死故障

故障现象：索道正常运营过程中，吊厢出现停顿现象，不能正常行走。机电人员立即到站内设备平台上对弯道部位的皮带和轮胎传输装置进行整体检查，皮带张力及轮胎气压未见异常，检查发现车位离合器制动器扭矩支架有移位现象，断定离合器机械故障。

故障处理：对故障离合器拆检发现，电磁线圈转子与线圈壳体研磨卡死。原因是转子外壁与线圈壳体间隙较小，磨损的铁屑颗粒因离合器的磁性聚集或外部颗粒进入，造成两部件间的研磨（见图7-3和图7-4）。

图7-3　转子及开关环

图7-4　电磁线圈壳体及固定盘

### 七、制动器制动力不足

故障现象：挂车过程中，车位2离合器刹车部分未能刹车，致使车厢继续行走，与处于车位1离合器的车厢发生挤车。机电人员立即到站内设备平台上对车位2离合器和接近开关进行了检查，在检查车位2离合器的接近开关时，发现其24V电压及动作都正常，而离合器刹车线圈电阻值及24V电压也未发现异常现象，初步判定为车位2离合器刹车部分出现故障。

故障处理：在离合制动器被激励时测量旋转圆盘和圆盘支架之间的间隙只有 0.2 mm，表明圆盘的磨损增加了。在将间隙的大小调整到标准要求的 0.5 mm 后，挂车正常，离合器制动力充足。

## 八、摩擦轮传动皮带运行中翻转故障

故障现象：设备巡检时，听到进站侧摩擦轮和皮带之间的摩擦声音异常，发出以往没有的吱嘎声。检查发现，三根传动皮带当中的内侧一根出现翻转。

故障处理：由于双 V 型皮带张力下降与五槽传动轮垂直度、直线度偏差造成了此故障。

## 九、驱动站出站侧脱挂轨开裂

故障现象：抱索力测试数据出现异常，对抱索力进行标定，但抱索力标定不能正确识别。检查抱索力检测窗口时，发现抱索力检测窗口位置有裂纹出现，经进一步对焊缝的打磨检查，发现裂纹深度已经裂至两端（见图 7-5）。

图 7-5 驱动站出站侧脱挂轨开裂

故障处理：抱索力检测窗口位置出现焊缝疲劳裂纹，更换新的脱挂接轨。

## 十、传动皮带断裂故障

故障现象：运行时发生最大计数故障，三角皮带张力线缠绕进入皮带轮内侧槽中，撕裂后剩余部分坠落于地面（见图 7-6）。

故障处理：铝制皮带轮轮槽出现磨损，导致三角带内陷，从而使作用面中的张力线层受力过大，长时间受挤压力磨损使线头瞬间突出，缠绕至相邻轮槽中，高速运转下张力线迅速扯出，撕裂后的皮带一部分被缠绕至轮槽中，基础橡胶层被甩出脱落至地面。

## 十一、液压制动系统堵塞故障

故障现象：开车时出现工作闸未打开故障。

故障处理：通过打开制动系统过滤器察看内部结构，出油口嵌入滤网内孔，接触端面有一软木橡胶垫颗粒。前期更换滤芯时，可能对已出现老化垫片造成损坏，使碎屑进入系统，细小碎屑堵塞节流阀。

图 7-6 皮带张力线断裂

## 十二、抱索器打滑——结冰

故障现象：当时气温 -2 ℃，有雾，奥地利某六人吊厢索道 4# 吊厢刚离开上站，索道停车；操作员检查并清除抱索器冰霜后，重新开车；6# 吊厢离开时索道又停车，经检查发现抱索器外形检测开关动作。运行经理要求操作员开倒车将吊厢倒回，在此过程中，4# 吊厢打滑与 3# 吊厢相撞，厢体撞坏，3 人重伤，6 人轻伤。

故障处理：低温、雾天情况下，抱索器及钢丝绳表面易结冰霜引影响抱索器的正常挂接。在发生第一停车时，操作员未对抱索器与钢丝绳挂接情况进行检查。当出现抱索器外形检测故障时，必须把该车退回站内检查。

## 十三、抱索器打滑——超载

故障现象：奥地利某 8 人吊厢索道快要停运时，大约有 25 人及一名索道的工作人员登上停在上站的四个吊厢，该工作人员在"空载"信号下启动了系统，第一辆吊厢确实为空载，然而最后一个吊厢却承载了这名工作人员和其他 9 名游客，当最后一个吊厢离开上站后抱索器操作杆撞断了检测抱索器操作杆位置不正确的 U 形针，索道停车，这个吊厢停在了站前水平段上。这名工作人员通过吊厢里面的救援装置将自己放到地面，走回上站，更换了先前撞断的 U 形针，"目测"抱索器抱在钢丝绳上后，重新启动索道，结果该吊厢通过第一个支架 15# 支架后开始沿钢丝绳下滑，撞在了离 14# 支架上方约 20 米远的一个吊厢上，两吊厢都被撞坏，一名乘客被抛到空中受到致命伤害。由于抱索器变形挂到支架托压索轮组变形，支架上的检测装置动作发紧急停车。

故障分析：工作人员违章操作；吊厢超载、偏载可能引起抱索异常；抱索异常的吊具应倒回站内重新发车检测，引发抱索器检测装置动作的吊厢必须立即倒回站内检查。

## 十四、抱索器扭力杆断裂——材质缺陷

故障现象：某新建索道连续两年在设备拆解检查时发现 DT 抱索器扭力杆断裂情况。为查清扭力杆断裂的原因，由专业机构实地考察了解使用状态，采用多种高科技检测手段进行分析研究，提出了科学严谨的分析报告：经过对断裂弹簧的分析，判定弹簧断裂的原因为材质问题。该弹簧存在严重的材料缺陷，尤其是接近表面的缺陷。缺陷造成应力集中，促使疲劳裂纹萌生和疲劳裂纹扩展，在裂纹扩展工程中，因内部缺陷严重降低材料的性能而使得裂纹扩展更加容易，在裂纹扩展达到一定长度后，弹簧抗断裂能力迅速下降造成瞬断。

故障处理：对该批次扭力杆进行更换处理，避免引起更多类似事故的发生。

## 十五、柴油机启动电机故障

故障现象：某索道的救援索道正向运行一切正常，停止柴油机后反向运行时未能启动。

故障处理：检查发现柴油机启动电机处有烧焦味并向外冒烟，启动电机电瓶一个外壳被冲坏，一个接线柱被烧断，原因是电瓶接线柱处压线虚接现象。全部拆除烧坏的电瓶和电机，换上备用启动电机和新电瓶，启动柴油机后运转正常。

## 十六、迂回轮断轴

故障现象：某脉动式 6 人吊厢索道运行中突然发生迂回轮主轴断裂事故，致使索道无法正常运行，造成部分游客滞留在索道吊厢内，无法返回到索道站。涉险游客全部获救，滞留时间长达 20 h，虽然无人员伤亡，但是社会影响较大。

故障分析：①主轴断裂是事故的直接原因。通过国家钢铁材料测试中心对断轴测试分析断裂的原因：该迂回轮主轴的断裂属于一次性启动的脆性断裂，断裂源是轴内部大尺寸的白点缺陷；迂回轮主轴所用材料不是图样设计要求的 40Cr 钢，而是 45# 钢或 50# 钢，由于碳素结构钢淬透性不如 40Cr，不能保证轴件经热处理后达到规定的韧性要求。从材料组织看，该迂回轮主轴没有经过调质处理；该迂回轮主轴内部存在大尺寸的裂纹性白点缺陷和严重的点状偏析，属制造质量不合格产品；经对轴检测分析，发现迂回轮主轴未采用设计要求的材料，并且未经过调质处理，机械性能远未达到设计要求，特别是轴的内部存在大尺寸的垂直轴向的裂纹性白点缺陷，造成局部强烈的应力集中进一步大大降低了轴的承载能力。②设备制造质量没有得到有效控制，关键的毛坯锻件没有材质证明、热处理报告、探伤报告，质量失控。设备安装前要加强资料审查，如材质报告、热处理报告、

探伤报告等。

## 十七、迂回轮裂纹

故障现象：某雪山循环式索道工作人员发现迂回轮一处裂纹，考虑加工制造新的迂回轮进行更换需要 3～4 个月的时间，索道停止将会造成非常大的经济损失和社会影响，因此先后进行了两次补焊。由于经验不足，处理方法不妥，焊接工艺不对，不仅没能修复原有裂纹反而又导致了两条新裂纹的出现，于半年后检查发现原有裂纹长度已扩展到轮毂上侧板的 3／4 处，情况非常危险、必须立即处置，否则后果不堪设想。

故障分析：在雪山上的高海拔，低温条件下进行现场焊接，技术要求高，应制订详细的修复焊接方案后进行处理。专家制订详细方案和工艺要求，采取在三条裂纹的顶端打孔，制止裂纹继续延伸而发生迂回轮断裂的危险，在焊接专家严格要求和高级焊工认真操作之下实施补焊修复工作，为整体更换新的迂回轮赢得了时间。此次迂回轮修复工作没有影响索道的正常运营，避免了经济损失和社会影响。

## 十八、吊椅侧翻

事故现象：某吊椅索道雨后运行中，钢丝绳剧烈颤动，将缆车上的 5 位游客掀翻并掉落地面，事故造成游客 1 人死亡、3 人受伤。

原因分析：由于连日大雨、土质疏松，一棵老树倒向索道方向，砸在正运行的索道钢丝绳上，导致索道钢丝绳产生强烈反弹，将缆车上的 5 位游客掀翻并掉落地面。

## 十九、迂回轮跌落

事故现象：国外某双人吊椅运行中，迂回轮在重力作用下从轴上落下。由于导向轮的约束钢丝绳仍然留在轴上，但钢索随之产生的强烈震荡，将 5 个乘客从吊椅中抛出，钢丝绳亦遭到不可修复的破坏。

原因分析：迂回张紧站的自定位轴承的外圈和上盖螺栓同时破断，导致迂回轮整体跌落。

## 二十、抱索器进站未打开

事故经过：某海洋公园索道运行时突然停车，并伴有较大的异响，95 名乘客被困在车厢。

事故处理；一部车厢驶进索道站后，抱索器未能从钢丝绳上松开。操作人员检查后，手动操作打开抱索器，人工将车厢移离索道，恢复正常运营。

## 二十一、检修吊具撞击支架脱索

事故经过：某固定抱索器双人吊厢索道，长 568 米，高差 196.8 米，索距 3.6 米，距地最大高度 60 米，支架 11 座，吊厢 82 个，单向小时运量 505 人。索道检修人员将检修小车挂在钢丝绳上进行检修工作，工作完后没有将检修小车卸下，而是与其他吊厢一起运行。运行中，检修小车与 9# 支架的检修平台发生刮碰，一个检修平台撞击落地，钢丝绳脱索坠地，3 个吊厢损坏，68 名乘客滞留吊厢中。事故发生后，索道站立即上报，并积极进行救援工作，在 9# 支架用两个手拉葫芦挂两个滑轮，启动索道，慢速拉回游客，经过 6 个小时的营救，68 名乘客全部安全救护下来，其中 4 名受伤乘客被送往医院住院治疗，造成较大的社会影响。

事故原因：直接原因是检修小车与 9# 支架检修平台发生刮碰，导致钢丝绳在 9# 支架处脱索落地；检修小车与支架检修平台的安全距离不够，不适合索道的地形情况；安装调试时没有进行检修小车的通过性试验，在使用检修小车时，也没有监控运行情况，认真观察其安全距离。

预防同类事故的措施：增强设计单位的安全意识，加强设计审查工作，特别要强调各种设备的安全距离；现场安装调试必须充分考虑各种工况的情况，对使用的各类设备进行认真检验；加强安全管理，做好运行的监控工作。

## 二十二、吊厢坠落——轮组轴断

事故经过：某脱挂抱索器索道运行中出现故障停车，因机械故障致使一吊厢跌落，导致厢内 1 人遇难，4 人受伤，219 名滞留空中。

事故原因：现场调查发现，索道支架上行侧轮组的 7 号托索轮与 8 号托索索轮之间的中心轴齐根断裂，卡住 2# 车厢，索道继续运行，3# 车厢到达 15# 支架时与之前卡在 15# 支架的 2# 车厢碰撞致使 2# 车厢坠落。轮组轴因质量问题存在裂纹，裂纹逐渐发展，导致突然断裂。

## 二十三、钢丝绳缠绕

故障现象：某双承载单牵引往复式索道，当时 100 人吊厢满载，车厢到站后不能正常进站。检查发现，运行中牵引索从支索器中脱出，与一根承载索发生缠绕，但前期搭碰检测装置因故障被解除，导致未能及时停车。牵引索仅把发生缠绕跨支架上固定鞍座的螺栓磨坏，牵引索严重拉伤，承载索未受太大损伤。索道停运检修，更换牵引索。

原因分析：自然气候影响，事件发生时当地受台风侵袭，风力较大并且风向不定，致使钢丝绳摆动严重；安全装置被屏蔽，牵引索与承载索触碰后不能及时报警和停车；张紧重锤阻尼器有可能出现瞬时故障，导致钢丝绳张力及移动变化异常。

## 二十四、减速机故障 1

事故经过：某固定抱索器吊厢索道运行过程中，索道速度突然加快，由正常 1 米／秒的速度加快到 1.5 米／秒，下站及上站工作人员同时发现异常，发现情况突变，立即就近按下停车按钮，下站司机也采取了紧急停车措施，索道紧急停车，在 3 秒内停止运转。经过全面检查后经多次试车确定为减速机内部出现故障，在短时间无法修复，立即组织线路营救。经过 5 个多小时营救工作，被困在线路上的 39 名游客全部安全地营救下来，无人员伤亡，但造成较大的社会影响。

事故原因分析：减速机的两个紧固螺丝在机器运转中松脱，使二级传动内齿圈在自身重力的作用下向下滑动，无法与行星齿轮啮合，传动失效，造成索道失控；此类型的索道，辅助驱动也要通过减速机，减速机发生故障后，索道就无法运行，造成 5 个多小时营救的情况。

预防同类事故的措施：加强设备设计制造的监督管理，选用标准机电产品时必须考虑索道的使用环境和运行工况；线路较长，营救困难的索道，应当设置独立的辅助驱动系统，在主驱动系统发生故障时，能够尽快恢复索道运行；超速保护装置应当直接监控索道的实际运行速度，防止索道失控飞车；定期对减速机等重要部件进行检查。

## 二十五、减速机故障 2

事故经过：某脱挂抱索器索道减速机损坏，被迫停止运营。索道公司立刻与法国制造商联系，经过两天的抢修无效。紧急向国外订购减速机，被告知需要 25 周的时间，更换齿轮的修复需要 15 周的时间。后依靠国内技术力量，采用了先进的平面包络齿轮技术，性能和技术指标均优于原来的尼曼齿轮，在齿轮的负荷能力和传动效率方面都得到了大大提高。索道停运 55 天的直接经济损失 1500 多万元，景区的经济损失为 4500 多万元，其社会负面影响很大。

事故原因：索道减速机损坏的原因为，减速机设计选型不合理，型号较小；维护保养不当，未按要求更换齿轮油，磨损颗粒大量聚集，进一步加剧齿轮磨损，导致轴承、齿轮失效，减速机抱死。

## 二十六、减速机卡死

事故经过：某固定抱索器吊椅索道，减速器出现故障，轴承突然卡死。为了防止缆车失控，控制室随即切断了电源。经过紧急救援，用时 7 小时，被困在缆车上的 78 名游客安全获救。

事故原因：主驱动减速机是刚更换的新减速机，截至事故当天仅使用了 59 天。经检查确认，该减速机输入轴的第二个推力轴承烧毁，输入轴抱死。

## 二十七、钢丝绳损伤

故障现象：某索道以 3 米 / 秒的速度正常运行，索道线路突刮大风，造成一压索支架脱索，索道自动停车。由于脱索位置显示装置失灵，不能显示脱索位置，在没有对全部支架检查确认的情况下，再次开车，造成钢丝绳在支架上滑动，吊厢挂在支架上，索道停运。事故造成 2 名乘客和 7 名员工滞留在索道吊厢中。事故发生后，立即采取措施，对发生脱索的支架进行抢修恢复运行，无人员伤亡。事故还造成一对抱索器和一个吊厢坠毁，6000 米钢丝绳提前报废，索道停止运营 3 个月，经济损失巨大。

事故原因：脱索位置显示装置失灵，不能显示脱索位置，造成操作人员判断失误；操作人员违反有关规定，在没有对全部支架检查确认、排除故障的情况下再次开车，造成事故扩大。

## 二十八、脱索

事故现象：某景区索道在运行过程中突发故障，司机突然发现控制室内电流表异常波动，驱动机发出异响，便立即停车。同时接到乘客电话，得知索道在 12# 支架上行侧发生向内脱索，并且 27# 车厢和 28# 车厢发生碰撞。索道发生故障停机时线路上滞留有 14 名乘客，经一个多小时抢修，索道恢复慢速运行，14 名乘客安全运回，没有人员伤亡。

现场勘查情况：12# 支架上行侧入绳端 4 轮组整体翻转 180°，入端第一个轮体挡绳板向内发生变形，挡板与轮体间隙约为 30 mm，轮组内侧轮体、中轴及螺母有严重刮蹭痕迹；距 26# 吊厢抱索器 930 mm 处，钢丝绳有长约 230 mm 的严重损伤、多处断丝、严重变形；27# 吊厢沿钢丝绳向后滑动 24.6 m，与 28# 吊厢相撞，此处钢丝绳存在 24.6 m 刮蹭；26# 吊厢内侧前顶端有撞痕，托索轮组大横梁下部有吊厢撞痕；吊臂前侧有长约 250 mm 的划痕；12# 支架上行侧支架入口处捕索器侧面有刮痕。

事故分析：26# 吊厢内侧前端撞击支架轮组大梁时轮组已经被翻转。26# 吊厢接近 12# 支架时遭遇瞬间横向大风，钢丝绳向托索轮内侧移动偏离绳槽，同时 26# 吊厢在风力作用下向内侧大幅偏摆，吊臂与入口处捕索器相碰，并在运行过程中在捕索器上滑动产生划痕。继续运行一段距离后（26# 吊厢距入口处 930 mm 左右）钢丝绳卡在入口处挡板与四托索轮内侧之间，滑动了一定距离（约230 mm）后，由于钢丝绳的巨大拉力导致入口处四轮轮组整体翻转，在翻转过程中26#吊厢内侧前顶端与横梁发生碰撞。由于四轮组翻转后钢丝绳仍处于脱索状态，因此27#吊厢到达12#支架后受阻停止（在钢丝绳上滑动），与继续前进的28#车相撞。由于司机及时停机，没有继续扩大故障。

### 二十九、制动器失灵

故障现象：某双承载单牵引往复式吊厢，发生一起索道钢丝绳断裂、吊厢坠落事故。此次事故造成14人死亡、22人受伤，这是我国客运索道迄今为止所发生的最严重的一起群死群伤特大伤亡事故。该索道发生事故时，索道严重超载，在限乘20人的吊厢里，却挤进了35人。当时索道从下站运行到上站时，由于没有备用制动器，仅有的一套制动器失灵后，索道失控，急速冲向下站，牵引钢丝绳断裂，吊厢坠落在下站站台。当场死亡5人，在抢救过程中又死亡9人，受伤22人，多数为重伤。

事故原因：设计图样未经审查，竣工后未经安全管理审查和验收检验，在未取得"客运架空索道安全使用许可证"的情况下，违规运营；严重违反《客运架空索道安全规范》规定，"每台驱动机上应配备工作制动和紧急制动两套制动器，两套制动器都能自动动作和可调节，并且彼此独立。其中1个制动器必须直接作用在驱动轮上，作为紧急制动器"。索道设计、制造未执行以上标准规定，在驱动卷筒上没有装设紧急制动器，运行中唯一制动器失灵，造成索道失控坠落；运行管理混乱，工作人员违规操作；吊厢严重超载运行，等乘缆车拥挤无序。

# 第二节 典型耗损故障分析

对索道管理而言，确保索道设备安全可靠运行是一个永久的话题。根据国内外公开报道的索道事故可以看出，除火灾、大风及雷电原因外，绝大部分是由于索道机械部件问题引发的安全事故，因此应高度重视索道机械设备的可靠性管理。对从事索道机械维护的人员来讲，单从索道机械故障率来衡量和认识索道维护质量是不全面的，而应从索道设备的典型耗损故障入手，对基于发生或搜集的典型耗损故障案例进行系统分析，来深入认识和理解索道机械可靠性管理工作。

索道机械故障同其他机械设备故障一样，一般划分为早期故障期、随机故障期和耗损故障期三个阶段。在早期故障期，由于设计、加工、安装及调试存在的缺陷，具有故障率较高的特点。经过早期故障阶段后机械设备进入随机故障期，由于人为误操作、零部件缺陷以及维护管理不善等，会出现随机分布的偶发故障，具有故障率低而稳定的特点，是机械设备最佳工作时期。在耗损故障期，由于索道各主要受力构件存在的疲劳、腐蚀、磨损、老化等因素的不断累积，故障发生的频次和形成的风险会不断加大，易发生后果严重的突发故障。为确保索道机械构件的可靠性管理，要准确把握各重要构件在耗损故障期的发展趋势和基本特征，及时采取有效处置措施，避免出现重大安全事故。

## 一、关键焊缝疲劳破坏

从各大索道制造商通报及多年来国内索道用户的检修统计看，如图 7-7 所示的抱索器壳体轮轴轴孔边缘、抱索力检测板部位、托压索轮组轴孔上下部位及驱动轮腹板的焊缝是易发生焊缝疲劳裂纹较为集中区域。索道运行时因旋转、吊具开合及振动引起的内力，以及施加的变动外力会承受波浪状变动的应力，累计到一定循环次数后就会产生疲劳破坏。焊缝疲劳破坏会与机械构件的局部应力集中同时发生，局部应力集中发生在缺口的边缘处。焊缝最初的微小的裂纹可诱发很强的应力集中，进而发展成较大的破坏。焊缝疲劳破坏可在周密的定期维护中检查出来，但如果出现遗漏，破坏会突然发生，并造成严重的索道安全事故。

图 7-7 抱索器探伤发现裂纹

因焊缝疲劳破坏是从零部件表面开始发展的，因此在定期检查时应非常谨慎地用适当的方法（例如着色探伤、磁粉探伤、超声波探伤等）找出正在发展的细微裂纹，并进行修补，就能防止其继续发展，必要时对该部件进行及时更换，避免发生安全事故。对索道驱动（迂回）轮轮体主要受力焊缝、轮组结构件、抱索器及抱索力检测板等有可能存在隐患之处彻底地、毫无遗漏地实施上述检查是很有必要的。

## 二、锈蚀破坏

由于索道地处高山环境，索道线路支架、轮组梁等设备受潮湿影响较大，金属构件的锈蚀情况不容忽视。金属材料由于受氧气、水、油脂变质等介质的作用而发生状态的改变，转变成新相而遭受破坏的现象，称为金属腐蚀。一般认为，当腐蚀速度大于 0.1 mm／年时，金属截面的累计减少会削弱结构强度，增大结构危险性，形成破坏的危险性也会进一步加快。在化学侵蚀状况下，从薄弱点开始产生的细微裂纹及集中应力，使材料整体的强度会显著下降。集中应力和化学腐蚀的共同作用，在低应力的作用下也会造成破坏。

　　20 世纪 80 年代至 21 世纪初建成的索道，线路支架防腐基本采取铁红底漆加涂面漆的处理方式。一些条件好的索道使用了对构件表面喷锌处理的工艺，但对方形梁内表面都是只在成型前喷涂铁红底漆防腐蚀处理。从长期检查、检测及总结分析看出，虽然从构件外表面发现不了较大异常，但是，由于潮湿或凝结水的原因，方形梁或圆形柱、梁的内部出现锈蚀最早，锈蚀程度最严重，15 年以后的锈蚀速度越来越快，会逐渐形成较大的隐患。

　　由于索道支架内部锈蚀存在隐蔽性，不便于日常检查，维护人员有时对腐蚀发展的速度和可能产生的后果不是很关心，因而有必要实际观察锈蚀实物来增强认识。特别是对早期建成的索道或者国内配套的部分，由于当时不具备整体热镀锌的条件，或者对支架热镀锌要求重视不够，会造成支架内部的严重锈蚀，见图 7-8。另外，无镀锌处理的地脚螺栓在法兰孔密闭空间的地脚螺栓根部也会产生严重锈蚀，见图 7-9。索道设备维护人员应使用工业内窥镜、测厚仪等专业仪器定期、持续地对金属构件内部腔体的锈蚀情况进行检查及厚度检测。

图 7-8　方梁内部锈蚀

图 7-9　地脚螺栓根部锈蚀

### 三、轴承润滑不良

轴承是索道机械设备应用最多的精密部件，也是机械维修人员日常检查关注的重点。通过对线路支架索轮轴承及站内皮带轮轴承多年的维保分类统计，只有 20% 以下的轴承能够运行到设计寿命，大约 65% 的轴承因润滑不良引起故障，约 10% 的轴承失效是由于装配原因引起的故障，5% 的轴承是因过载或轴承质量缺陷等其他原因而失效。从结果看，轴承室密封润滑油脂不满、雨水浸入乳化变质等因素的轴承润滑不良是产生轴承故障的主要原因。

对于驱动轮轴承、迂回轮轴承、主电机轴承等关键部件来说，更要特别关注轴承的润滑质量。很多轴承都因为密封结构设计不合理、注油量不足、加注方式不正确等各种不同的原因导致轴承润滑不良造成轴承的磨损而永久失效，见图 7-10。维护人员要通过日常巡查时检测轴承温度、听辨异响及油脂颜色等方法发现早期症状并估计故障的严重程度。此外，对驱动、迂回轮轴承、电机轴承及减速机等重要设备，建议采用磨损颗粒铁谱分析和振动分析诊断方法。

图 7-10 迂回轮上部失效轴承

### 四、液压泄漏与堵塞

索道设备液压系统主要用于制动、张紧及紧急驱动部位，对整个索道系统的安全运行起到至关重要的作用。液压系统的泄漏与堵塞分析，理论上讲已阐明殆尽。但是，由于液压故障具有隐蔽性、交错性及随机性，在实际工作中维护人员对系统原理和标准要求理解不透，还是经常发生很多令维护人员头痛的例子。索道液压系统典型故障有：因密封件年久劣化引起的制动系统换向阀、压力阀泄漏故障；因频繁振动、弯曲、局部应力集中等引起的胶管爆裂；阀内密封面冲击磨损、维修拆解及组装不规范、滑动密封部分安装角度不合理以及杂质附着等原因造成的梭阀内泄漏故障。液压系统引起堵塞的原因主要有初次安装时系统内存有杂质、换油油质过滤精度不够或未过滤、维修更换液压元件带入杂质或安装时挤坏密封件造成碎屑进入系统等。另外，维修人员对液压知识掌握的不系统及缺乏实际维修经验也应引起足够的重视。针对该情况，除加强日常巡检及检修后专项复查外，索道使用单位应增设液压油污染报警装置和高精度液压油过滤装置，每 6 年强制更新液压胶管，实施以可靠性为中心的预测性维护。

由于索道行业相对来说是一个小的行业，索道公司管理的索道多者十余条，少者只有一条，因此，开展规范的索道机械设备的可靠性管理有很大的难度。由于客运索道属于特种设备范畴，不能简单地以故障率来评价索道机械设备的可靠性，而应把典型的耗损故障作为重点研究对象，对故障状态及现象、引起故障的载荷件、载荷作用造成故障的动态或静态的过程及科学有效的改进措施等制定方案进行持续管理。根据自己的设备状况、技术人员条件、周围技术支持度等情况开展以耗损故障分析为重点的基础性工作。机械故障构成包含三个要素：载荷、故障机制及故障模式。三要素之间不是单纯的直线串联关系，而是存在多种交叉联系。对于索道设备而言，由于地处山区，海拔高，气候条件复杂，设备分布广（主要有驱动站设备、迂回站设备及线路设备）、载荷变化大，各种机械故障的三要素体现得更为复杂。以索道脱索故障和吊厢碰损故障为例形成的三要素关系，见图 7-11 所示。

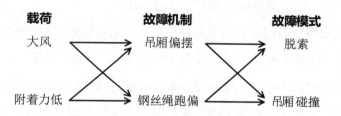

图 7-11 故障三要素关系

从上可看出，索道机械故障很重要的特征就是因果关系链很长，且很多异常现象与运转状态有关，因此必须在对索道设备巡检或专项检查时加强观察及检测设备的运行状态，详细地观察、测定及记录设备运行中实际状态，准确地找到问题点。例如，运载索运行时不在轮衬绳槽且蹭侧板，通过调整轮组位置却效果不佳，而真正原因是平衡轴磨损间隙增大造成。当重大的破坏现象产生时，真正的原因可能在别处，若只注意损坏部分，就无法找到真正的原因。因此，设备管理人员必须具有系统的机械理论知识和丰富的实际故障分析经验，才能做出正确的判断。

对索道机械设备可靠性管理近年来做了一些初步的探索：一是采用比较成熟的铁谱分析、振动频谱分析及各种必要的传感器提高运行状态检测。在索道行业对驱动轮、迂回轮轴承、主电机轴承及减速机等关键部件实施铁谱分析，及时掌握了运行状态的发展趋势，并科学安排设备大修或进行强制更新，对保障索道可靠性安全运行起到了很好的作用。二是按照规范的项目格式对各种发生故障的状态、时间、现象、处理、频次、人员情况等进行记录。三是加强维护人员技术培训，掌握索道设备的设计意图，必要时进行有限元应力分析提高故障机理机制的理解。对多年来运行中出现的设备故障进行了详细的汇总、分类和分析，有组织、有计划地进行了可模拟故障的试验和预测故障的讨论分析，提高了应急处置和索道可靠性管理能力。四是加大安全投入，根据检测及评价结果实施关键部件强制更新。做索道设备使用过程的可靠性管理工作，只是单纯的个案积累，难以得到具体的成效。只有将运行状态检测、故障信息收集、故障机理和原因分析、维修计划信息等一系列信息进行综合分析，加以技术的判断后，才能得出有用的结论，提高索道机械设备的可靠性管理水平。

# 第三节 钢丝绳的旋转分析

钢丝绳旋转的危害通常体现在：抱索器打开瞬间快速旋转与钳口发生摩擦，发出哧哧的声音；产生水平力，钢丝绳横向运动打击其他部件。

钢丝绳旋转比较明显时通常会出现几种现象：驱动站抱索器脱开时钳口与运载索之间的摩擦声音比较大，回转站声音比较小或者基本上没有；下雨（潮湿、有雾）时声音变小，甚至没有出现；索道对站内轮组和线路轮组垂直度及直线度调整后并没有解决抱索器进站脱开时的响声问题；索道运行前期不响，都是运行多年后开始出现响声；进站声音大，出站声音小；正向进站时声音大，反向进站声音很小几乎没有；低速运转声音大，高速运转声音小；挂车少（车厢间距大）声音大，挂车多（车厢间距小）声音小；进站吊厢脱开后，开倒车回到距离站口 10 米左右的位置，再正向开车，进站脱开时又发出响声。

钢丝绳是螺旋状的，钢丝绳空绳运行过程中一直在旋转，是索道钢丝绳运行的特性。不管是在托索轮上还是线路上，钢丝绳始终都在转。

钢丝绳在运行中就会产生局部扭紧。钢丝绳在轮槽上的压力比较大，轮衬受压之后出现螺旋形压痕。新绳捻距短，旧绳捻距长。捻距越大扭矩越小，捻距越小扭矩越大。当钢丝绳捻距比较大，钢丝绳张力又相对比较小的时候，钢丝绳本身旋转的扭矩小于轮衬对钢丝绳的摩擦力矩，就会出现钢丝绳在托索轮（或压索轮）轮衬上不转，从而产生较大的局部扭转。

不管脱挂抱索器还是固定抱索器，只要它抱在钢丝绳上开始运动，在抱索器的前边或后边，就一定会产生一定的扭力。例如，固定抱索器吊椅索道，抱索器在钢丝绳上夹得非常紧，没有相对转动的可能，进站乘客下车后，吊椅向外摆出，过大轮时吊椅横向摆出达到30°。这表明，线路上只要有抱索器，在抱索器前边必然存在扭矩。如果固定抱索器在钢丝绳上抱得较松，过大轮时能够看到抱索器与钢丝绳之间的相对转动。

潮湿（雨雾）天气，托索轮轮衬上的水珠降低钢丝绳与轮衬之间的摩擦力，摩擦力矩比钢丝绳扭矩小，钢丝绳就能够在轮槽上转动，从而克服了钢丝绳的局部扭紧。

造成抱索器进站打开异响的主要原因是，钢丝绳扭矩变小。扭矩小的原因，一是钢丝绳捻距大了（钢丝绳结构性伸长）；二是运行多年之后，设备磨损、老化，阻力增加，钢丝绳张力相对降低。脱挂索道抱索器进站打开时钢丝绳旋转是正常的，一点不转反而不正常。只要在抱索器打开时钢丝绳转得尽量小，没有明显的声音就行。

# 第四节 钢丝绳的接触损坏

钢丝绳损坏的原因除意外因素（雷击、飞机或车船碰撞、倾倒的大树、滚落的巨石等）和人为破坏外，主要有两个原因：接触损坏和疲劳损坏。

金属固体是由许多晶粒组成的。晶粒之间存在界面，断裂就是在晶粒的界面发生的。

物体受力后，首先产生弹性变形（受力后变形，撤去外力后恢复原状），弹性变形条件下，物体不产生破坏。但当力加大到一定程度后，其所产生的应力达到屈服极限后就会产生塑性变形（永久变形）。钢丝绳绳股接触位置（比如接头插入点）的绳股外层丝相互挤压，会在丝表面挤压出凹坑，这些凹坑上自然形成许多微裂纹。经过反复弯曲后微裂纹加宽加深，最后钢丝断裂。索道旧钢丝绳接头拆检时，发现接头插入点的表层丝存在凹痕。如图 7-12 所示。

对于线接触钢丝绳，在钢丝绳正常段，股内的钢丝之间都是线接触。但对于接头的插入点位置，插入股与其相邻股之间在插入点，表层丝接触位置为点接触，所以接头部分比正常段损坏快。当钢丝绳绳芯变细后，绳芯变细位置的绳股之间的表层丝之间也存在点接触。钢丝绳编接段的插入点的股间外层丝也属于点接触。

图 7-12 钢丝绳的接触损坏

对于线接触钢丝绳，在钢丝绳正常段，股内的钢丝之间都是线接触。但对于接头的插入点位置，插入股与其相邻股之间在插入点，表层丝接触位置为点接触，所以接头部分比正常段损坏快。当钢丝绳绳芯变细后，绳芯变细位置的绳股之间的表层丝之间也存在点接触。钢丝绳编接段的插入点的股间外层丝也属于点接触。

# 第五节  轴承磨损故障

在索道机械设备中，驱动（迂回）轮及减速机是重要的动力传动单元。由于它们在整个系统中的唯一性，一旦出现故障，不仅会造成很大的经济损失，而且会造成较大的安全事故，所以，对驱动（迂回）轮及减速机的监测，始终是索道设备管理中的重点。对驱动（迂回）轮及减速机的监测一般停留在"测温度、听异音、看异物、计时间"等日常检查。为科学监测疲劳磨损状态及发展趋势，以便能提前做好准备安排合适时间进行大修，避免故障出现后迫不得已临时大修，铁谱分析技术是索道机械设备磨损监测中可行、有效的方法之一。

铁谱分析技术的基本原理和方法就是用铁谱仪把混于润滑油（液压油）中的各种磨屑分离出来，并按照尺寸大小依次、不重叠地沉淀到一块透明的基片上，在显微镜下观察，对磨粒的形态特征、尺寸大小等表面形貌及成分进行检测，以做定性分析；利用加装在铁谱显微镜上的光密度计，还可以对谱片上大小磨粒的相对含量进行定量分析。摩擦学研究表明，磨粒的类别和数量及增加的速度与摩擦面材料的磨损程度及磨损速度有直接的关系；磨粒的形态、颜色及尺寸则与磨损类型、磨损进程有密切关系。所以，铁谱分析在判断机械磨损的部位、严重程度、发展趋势及产生的原因等方面发挥着重要的作用。

铁谱分析流程一般包括取样、制谱、观察与分析和结论四个环节。

　　取样就是用专用取油工具从设备排油口或油箱中取出润滑油（液压油）油样。为保证所取出的油样能准确反映机器运转的磨损状态，取样时应注意：尽量在设备运转时，或刚停机取样；始终在同一位置、同一条件下取样；取样周期应根据实际变化情况进行及时调整。

　　制谱就是利用铁谱仪分离油样（为便于磁性金属颗粒的沉积，首先应加入一定比例的有机溶剂稀释油样），将油样中的铁磁性颗粒沉积到基片上，经固化和洗净后完成。

　　观察与分析包括定性和定量分析：定性分析就是用显微镜观察谱片上颗粒的尺寸大小、形状、颜色，根据颗粒特征来定性分析设备润滑状态，判断磨损类型及磨损部位；定量分析就是用光密度仪与显微镜配套使用，测出谱片上不同区域的磨粒覆盖面积，再计算出磨损指数。

　　结论就是根据分析结果并参考有关指标和参数值，做出状态监测或故障诊断结论。

　　驱动轮轴承运行 1.8 万小时出现异响，连续四个月每月一次对旧油进行铁谱分析。通过对谱片对比看，各种磨粒呈增加趋势，且出现了大量球形颗粒。对拆下的旧轴承观察发现，虽然轴承滚道、保持架、滚柱没有明显的点蚀现象，但是，轴承内圈与空心轴之间有大面积的磨损面（见图 7-13）。这表明轴承内圈和空心轴之间存在较为明显的相对转动，是造成轴承异响的原因。

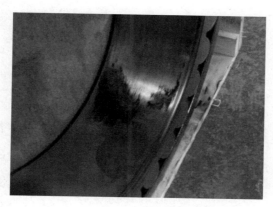

图 7-13 驱动轮轴承内圈磨损

　　驱动轮（迂回轮）轴承及减速机等是索道重要的动力传动部件，工作寿命相对来说也比较长，但是，由于设备制造和施工周期比较长，又要有外方专家的配合，所以，对如何科学判定它们的工作寿命，以便提前安排设备大修，避免在旅游旺季时临时安排大修就显得尤为重要。否则，一旦出现问题，不仅要承受很大的经济损失，还要承担重大安全责任。近年来国内出现的几起减速机、轴承故障案例就证明了这一点。

　　在索道行业利用铁谱分析技术来监测重点设备的机械磨损状态，只是做了有益的尝试。由于实施时间短、检测次数比较少、获得的数据少，它对机械失效的前期预报的准确性还有待进一步完善。目前，在煤炭和军工行业经过多年的数据积累，已经制定出了针对不同种类设备摩擦失效判定标准，对避免较大设备故障及安全事故的发生，提供了比较科学和准确的提前预警。

对重点设备的适时监控，除了落实常规手段的检查外，定期或不定期利用先进的检测仪器进行检测、提供有效的技术支持也是不可缺少的。通过不断积累检测数据，科学总结检测结果和设备真实状态的关联度，铁谱分析技术对索道设备摩擦失效的提前预警也会像其他行业一样发挥较好的作用。

# 第八章 设备润滑及维护与保养

润滑已不能简单地理解为加油、换油，现在已被广泛地认为是减少摩擦、降低磨损的重要措施。良好的润滑，不仅可以保证设备正常运行，延长设备的寿命，降低维修费用，还可以降低能耗，提高工作效率。

## 第一节 设备的润滑

### 一、润滑的作用

润滑就是在相对运动的两零件摩擦表面之间，加入某种润滑材料，从而在某种程度上把原来接触的两摩擦表面，用润滑材料分隔开来，中间形成具有一定厚度的润滑膜以减少机器摩擦与磨损。凡是能加入两摩擦表面的间隙中，能降低摩擦阻力、减少磨损的一切物质都可以作为润滑材料。

润滑对设备的主要作用和目的有下列几点：

（一）减少摩擦和磨损

当接触表面之间加入润滑介质后，摩擦表面不发生或尽量少发生直接接触，从而降低摩擦系数，减少磨损。

（二）冷却作用

机器在运转中，因摩擦而消耗的功，全部转变为热量，引起摩擦零件温度升高，当采用润滑油进行润滑时，热量通过润滑油散发和带走，从而起到摩擦表面的冷却和降温作用。

（三）防止锈蚀

摩擦表面的润滑油膜使金属表面和空气隔开，保护金属表面不受氧化锈蚀。

## （四）冲洗作用

润滑油的流动可将金属表面由于摩擦和氧化而形成的碎屑和其他杂质冲洗掉，以保持摩擦表面的清洁。

此外，润滑油还有阻尼振动、密封等作用。但是，这些作用是彼此依存、互相影响的。

## 二、润滑的分类

### （一）按润滑材料的形态分类

在各种机器中所用的润滑材料，就其形态可分为以下四类：

①液体润滑材料，如矿物润滑油，合成润滑油，动物、植物油，乳化液，水等；

②凝胶状（半液体）润滑材料，如矿物润滑脂，动物脂等；

③固体润滑材料，如石墨、二硫化钼，以及某些金属的或塑料的自润滑材料；

④气体润滑材料，如在气体轴承中所使用的空气等。

在建材机械中使用最普遍的润滑材料是前面两类。

### （二）根据相对运动构件之间的润滑状态分类

根据相对运动构件之间的润滑状态，润滑可分为液体润滑、半液体润滑、边界润滑和无润滑。

1. 液体润滑

液体润滑是在摩擦表面之间加入液体润滑剂后，产生足够厚度（一般为 1.5 ~ 2 μm）和强度的油层性液体油膜，使两个摩擦表面完全分开，由油膜的压力平衡载荷，运动时只是在油膜内部的油层分子间产生摩擦的一种润滑状态。

液体润滑摩擦阻力小，可以改善摩擦副的动态性能，有效地降低磨损。因此，设备润滑技术的主要要求是在可能条件下，最大限度地在摩擦表面形成液体润滑。常用液体润滑剂主要是各种润滑油。

液体润滑根据油压形成方法又可分为两种：一种是利用摩擦表面，在能产生油楔作用的条件下，使油自然产生压力，对抗外载以分离表面，称为液体动压润滑。一种是用油泵将润滑油压入摩擦副内，使油在摩擦表面之间保持一定的抗压能力，硬把接触表面分开，称为液体静压润滑。常见滑动轴承，以及在导轨接触面上开有带油角的油槽动压导轨等，都应用了液体动压润滑的原理。静压轴承、静压导轨等都应用了液体静压润滑的原理。

2. 半液体润滑

半液体润滑是在摩擦表面之间加入液体润滑剂后，由于摩擦表面粗糙不平，或负荷较大，或运动速度变化较大，使其余部位仍然是液体润滑的一种状态。

半液体润滑往往与液体润滑、边界润滑同存于导轨、齿轮、轴承等摩擦副之中，并且其润滑状态会随着油量的大小、油性的好坏、工作条件的变化而互相转换。

3. 边界润滑

边界润滑是在两个摩擦表面之间，仅存在着一层极薄的吸附性边界油膜，没有油层存在，运动时只在上下两层吸附着的油膜之间产生摩擦的状态。它是一种界于液体润滑和干摩擦之间的边界状态。当负荷加大或者运动速度改变时，边界润滑就会遭到破坏，引发干摩擦。

边界润滑主要出现在直线往复运动摩擦表面的两端部位，齿轮啮合传动之中，冲击力较大的摩擦部位以及处于高温、高负荷、低速度或者刚开车状态的摩擦表面之间。

4. 无润滑

无润滑也称干摩擦，即运动摩擦表面之间没有任何润滑介质。在相对运动机件中除自动机件外，是不允许出现无润滑的。但是设备在运转中由于系统的故障、润滑材料的失效、工作人员失职等，很可能出现这种无润滑状态，此时机器将发生故障。

## 三、润滑油

润滑油是液体润滑材料。它除了能减小摩擦阻力、减少磨损外，还有降低温度、防止锈蚀、冲洗磨屑、阻尼振动等作用。因此润滑油是机器设备最常用的一种润滑材料。

润滑油的使用性能就是指润滑油满足机器设备润滑需要的程度。在选择润滑油时，一定要科学地对待，不能脱离具体的机器设备去选择润滑油。否则，就会错用润滑油，达不到润滑机器的目的，造成机器设备的严重事故。但要真正选用好润滑油，并不是一件简单的事情，必须具备一定的理论知识和较丰富的实践经验，全面考虑润滑油的各项指标，才能选用满足机器设备润滑的润滑油。

润滑油的主要技术指标及分类如下：

（一）润滑油物理、化学性能指标

1. 黏度

黏度是流体内部阻碍其相对流动的黏滞力大小的量度。

黏度标志着润滑油的流动性及在摩擦面间所能形成的油膜厚度。高黏度的润滑油流动性差，不能流到配合间隙小的两摩擦面之间，起不到润滑作用；但它能够承受较大的载荷，不易从摩擦面挤出去，而保持一定厚度的油膜；由于内摩擦大，在高速运转的情况下，油温易升高，功率损耗也大。低黏度的润滑油则相反。因此黏度是润滑油的一项重要理化性能指标，它对机器设备的润滑好坏起着决定性的作用。

### 2. 黏度指数

液体的黏度几乎完全取决于分子间力。当温度升高时，液体膨胀，分子间距离增大而分子间力减小，结果使黏度减小。相反，温度降低时，黏度增高。

### 3. 闪点和燃点

润滑油在规定的条件下加热，蒸发出的油蒸汽和空气所形成的混合物与火焰接触发生闪光现象时的最低温度，称为该油的闪点。闪点分开口闪点和闭口闪点。开口闪点用开口容器测定，适用于轻质油；闭口闪点用带盖容器测定，适用于重质油。如果闪光时间长达 5 s，则此时油的温度叫作燃点，单位为℃。

根据闪点和燃点可以知道润滑油中易挥发物（低沸点蒸馏物）的含量，可以间接地确定易燃性，表示了润滑油在高温下的稳定性，反映了它的最高使用温度。为了保证安全，在选用润滑油时，一般应使润滑油的闪点高于使用温度 20 ℃ ~ 30 ℃。

### 4. 凝点

将要测定的润滑油放在试管中冷却，直到把它倾斜 45°，并经过 1 min 后油面不流动时的最高温度叫作润滑油的凝点，单位为℃。

如果使用温度达到润滑油的凝点，其流动性就会丧失，润滑性能显著变坏，所以低温下工作的机器（如冷冻机及冬季室外工作的机器），应选择凝点低的润滑油，以满足润滑的要求。一般要求润滑油的凝点比使用温度低 5 ℃ ~ 10 ℃。

### 5. 酸值

中和 1 g 润滑油的酸所消耗的氢氧化钾的毫克数为该润滑油的酸值，单位为 mgKOH／g。润滑油的酸值表示了油中有机酸和其他酸的总含量，其中以低分子量的有机酸占多数。酸能腐蚀金属并使润滑油加速氧化变质（呈酸性），致使润滑作用变坏，因而润滑油的酸值必须控制在规定的范围内。

### 6. 水溶性酸和碱

油品中的水溶性酸和碱是指能溶入水中的无机酸及低分子有机酸和碱的化合物等。新油呈现水溶性酸和碱，一般是由于油料在精制过程中没有处理好，或在贮运过程中受到污染。润滑油在使用中呈现水溶性酸或碱，主要是由于氧化变质。水溶性酸或碱会严重腐蚀机械设备，对变压器油，除引起设备腐蚀外，还会造成事故。

一般情况下，润滑油中不允许含有水溶性酸和碱。但加入某些添加剂后，由于添加剂的影响，使润滑油呈酸性或碱性反应。例如，加防锈添加剂的汽轮机油就允许有弱酸性，加清净分散剂的汽油机油和柴油机油就允许呈碱性反应。

7. 机械杂质

凡是沉淀或悬浮于润滑油中可以过滤出来的物质，都称为机械杂质。这些杂质大部分是砂土或铁屑之类。它严重影响润滑效果，使磨损加剧，机件加热，并堵塞管路，加速油口氧化变质等，因而必须控制油中机械杂质的含量。

机械杂质是以试油和溶剂的热溶液过滤纸过滤后的残留物质量与试油质量的百分数来表示的。

8. 水分

润滑油的水分是指润滑油中含水量占试油质量的百分数。

润滑油中的水分破坏润滑油膜，影响润滑效果，并加速有机酸对金属的腐蚀，使润滑油内容易产生沉淀。对含添加剂的润滑油危害更大，因为添加剂大部分是金属盐类，遇水就会水解，使添加剂失效，产生沉淀，堵塞油路。不仅如此，润滑油中的水分在使用温度低时，由于接近冰点使润滑油的流动性变差，粘温性能变坏。当使用温度高时，水汽化不但破坏油膜而且产生气阻，影响润滑油的循环。

## （二）润滑油的种类和用途

1. 润滑油的分组

根据石油产品的主要特征对石油产品进行分类，其类别名称分为：燃料 F、溶剂和化工原料 S、润滑剂和有关产品 L、蜡 W、沥青 B、焦 C 六大类。润滑剂和有关产品的代号为英文字母"L"。

2. 齿轮油

齿轮油是用来润滑各种类型齿轮的。齿轮油分工业齿轮用油和车辆齿轮用油两大类。

（1）工业齿轮用油

工业齿轮用油主要用于工业设备中中等使用条件下操作而又希望延长润滑油使用寿命的各种封闭式齿轮副的润滑。常用的是极压工业齿轮油。

极压工业齿轮油是在工业齿轮油中加入极压添加剂而制成的，此外还要加入抗磨损以及防锈、抗泡沫等多种添加剂。极压添加剂主要是一些含硫、磷、氯的有机化合物（分别称为硫系、磷系、氯系添加剂）。当齿轮副摩擦条件加剧，接近边界润滑状态，两个摩擦面的微观"峰"相互摩擦时，形成了极高的局部高温。一般最低在 200 ℃以上时（极压添加剂的类型不同，起作用的温度有所不同），添加剂的分子开始与达到高温的"峰"发生化学反应，生成一种特殊的金属化合物，如硫化物、磷化物、氯化物等。这些化合物作为一种塑性体充实在摩擦面之间，从而防止了摩擦面的擦伤或烧结。

①硫铅型极压工业齿轮油

由于加有硫系极压添加剂等各种添加剂，其油膜强度大，摩擦系数低，对高载荷、冲击载荷都可以维持有效油膜，润滑可靠；有较好的氧化安定性，抗腐蚀性好，不易腐蚀铁及有色金属；还有较好的防锈性和抗泡沫性。

这种油适用于承受重载及反复冲击载荷的工业封闭齿轮减速机，尤其适用于水泥、橡胶、造纸、矿山机械等常受重载、冲击负荷，一般不接触水的减速机。

②硫磷型极压工业齿轮油

这类齿轮油主要加有磷系极压添加剂，与硫铅型极压工业油相比，在下列三方面更为突出：良好的抗腐蚀性和极压性；优良的分水性，可使进入油中的水分及时排出；热氧化安定性好，能在 80 ℃以上的齿轮箱中长期使用。

③开式齿轮油

开式齿轮油的特点是有一定的黏附性（加有黏附剂），防止润滑油从齿面流失，因而在齿轮、链条表面附有一层能防锈、防腐、抗摩、润滑的油膜，可延长齿轮、链条的使用寿命。开式齿轮油适宜于高负荷，在大、中、小型开式齿轮或链条上使用。

（2）车辆齿轮用油

汽轮机油又称透平油，浅黄色透明液体。因加入抗氧化、抗泡沫、防锈等添加剂，故在高温下有高度的抗氧化能力（本值不提高）；有良好的抗乳化性，浸入的水分能迅速完全分离；精制程度很高，低酸性、低灰分，无任何机械杂质、水溶性酸碱。它主要用于蒸汽轮机、水轮机和发电机轴承的润滑。

**四、润滑油的选用**

根据部分工厂统计，设备事故中润滑事故占很大比重，而润滑材料选用不当又是造成润滑事故的一个重要因素，因此润滑油选择的适当与否是正确组织润滑油工作的前提。选择润滑油时，除掌握润滑油的物理、化学性能外，还应对机器设备的工作条件、工作环境、采用的润滑装置等做具体分析，根据具体情况选用合理的润滑油。

（一）根据机械设备的工作条件和工作环境选用

1. 要根据工作条件进行选择

摩擦表面之间的相对运动速度越高，形成油楔作用的能力就越强。因此，在高速运动的摩擦副内加入的润滑油应该黏度较低。摩擦表面单位面积的负荷较大时，应选用黏度较大，油性较好的润滑油，使处于液体润滑状态的油膜具有较高的承载能力；使处于边界润滑状态的边界油膜具有良好的润滑性能。对于有冲击振动负荷及往复、间歇运动的摩擦副应选用黏度较大的润滑油。

2. 要考虑使用润滑油的周围环境

环境温度较高时，应采用黏度较大、闪点较高、油性较好、稳定性较强的润滑油。环境温度较低时，应选用黏度较小、凝点较低的润滑油。若环境潮湿有水，应选用抗乳化性能、油性、防锈蚀性能均较好的润滑油。

3. 选择润滑材料不能忽视摩擦表面的具体特点

例如，摩擦表面之间的间隙越小，用油黏度应越低；表面越粗糙，用油黏度应越大，对于润滑油容易流失的部位，应采用黏度较大的润滑油。

4. 要针对实际使用的润滑方法进行合理选择

例如，用油绳、油垫润滑时，为了使油具有良好的流动性，应使用黏度较小的润滑油。用手工加油润滑时，为避免油过快流失，应使用黏度较大的润滑油。在压力循环润滑中，油温较高，应使用黏度较大的润滑油。

## （二）根据润滑油的名称、性能选用

国产润滑油，一般是按所润滑的机器命名的。如润滑压缩机的油叫压缩机油，润滑柴油机的油叫柴油机油，润滑工业设备中齿轮的油叫工业齿轮油，润滑一般通用机械的油叫机械油。因此，选择机器的润滑油，应使润滑油的名称尽量符合机器的名称。

## （三）参考现有设备润滑情况选用

在生产实践中也可以利用类比法，以同类型、同类条件的机器作为借鉴，根据历史资料和实验，确实有效地选用润滑油也是可靠的。但应注意油品新技术的发展情况，千万不可墨守成规。

## 五、润滑脂

润滑脂属于胶凝性可塑性润滑材料，它介于液体和固体之间，习惯上称黄油或干油。

## （一）润滑脂的组成和分类

润滑脂由基础油和稠化剂按一定的比例经稠化而制成。为了改善润滑脂的性能，亦可加入抗氧化、极压抗磨、防锈等添加剂。

稠化剂分为皂基和非皂基两种。由天然脂肪酸（动物脂或润滑油）或合成脂肪酸和碱土金属进行中和（也称皂化）反应，生成的脂肪酸金属盐即为皂。用皂稠化的润滑脂称为皂基润滑脂；用非皂基物质（石蜡、地脂、膨润土、二硫化钼、炭黑等）稠化的润滑脂称为非皂基润滑脂。润滑脂按其不同的稠化剂组成、用途和特性区分，有以下各种类别：

1. 单皂基脂

单皂基脂是指用一种皂作为稠化剂制成的润滑脂。如以钙皂（脂肪酸钙）、钠基润滑脂、铝基润滑脂、锂基润滑脂等作为稠化剂制成的润滑脂。

2. 混合皂基脂

混合皂基脂是指用两种皂作为稠化剂，用以提高性能所制成的润滑脂。如以钙皂和钠皂稠化剂制成的润滑脂称为钙钠基润滑脂。

3. 复合皂基脂

除用皂基外，再加入复合剂以提高性能，经稠化制成的润滑脂，称为复合皂基脂。如以醋酸为复合剂和钙皂稠化制成的润滑脂称为复合钙基润滑脂。

4. 非皂基脂

除上述用金属皂作为稠化剂外，还有用非金属作为稠化剂的润滑脂，称为非皂基润滑脂。例如，用以石蜡和地蜡为主的稠化剂制成的凡士林，用无机化合物为稠化剂制成的二硫化钼脂、碳黑脂、膨润土脂等。

## （二）润滑脂的主要物理化学性能及评定

润滑脂在试制生产、使用和贮运过程中，对其质量要进行分析评定。润滑脂的主要物理、化学性能及其评定项目如下：

1. 外观

在玻璃板上涂 1 mm 厚的润滑脂，透过光线下观察，应均匀、透明，没有机械大粒杂质，没有硬皮层，没有板油现象，无吸水过多呈乳状现象等。

2. 滴点

润滑脂在规定条件下加热，从仪器中开始滴下第一滴油时的温度称为滴点，单位为℃。滴点是润滑脂的抗热指标。选择润滑脂时，滴点温度比机器温度应高 20 ℃ ~ 30 ℃，最低也应高出 10 ℃以上。

3. 针入度

针入度是用质量为 150 g 的圆锥体，在 5 s 内沉入加热到 25 ℃的润滑脂中的深度，以 1 / 10 mm 为单位。针入度愈大，则润滑脂愈软；反之，愈硬。针入度的值是选润滑脂的一项重要指标，是划分润滑脂牌号的依据。

### 4. 胶体安定性

胶体安定性是润滑脂在长期使用和贮存中抵抗分油的能力，即抵抗固定在胶体结构的纤维的网络骨架中的基础油被分离出来的能力，用析油量表示。析油量愈小胶体安定性愈好。微量分油对质量无大影响，大量分油后的润滑脂不宜贮存过久。

### 5. 水分

润滑脂含水量的百分比称为水分。即在一定条件下用水淋试验机，测定被水冲掉的润滑脂量，以百分数表示；或者加一定百分数水分于润滑脂中，测定加水前后针入度差值。

### 6. 机械杂质

润滑脂的机械杂质多由于制造时使用的是劣质原料，或者在包装、贮运、使用、保管过程中带入了杂质。这些杂质将使机件产生严重磨损，因此在润滑脂中不允许有机械杂质存在。

润滑脂的质量指标还有腐蚀试验、游离酸和碱、氧化安定性、灰分等。

## （三）润滑脂的种类、用途和特性

润滑脂按制造时所用的稠化剂分类，如前所介绍的有皂基和非皂基两大类，按针入度大小来分，各种润滑脂又分为几种不同的牌号；按专门用途分，有滚动轴承脂、钢丝绳润滑脂、铁道润滑脂等。

## （四）润滑脂的选择

选择润滑脂的主要根据是针入度、滴点、稠入剂及其工作稳定性等。

### 1. 载荷的大小

在同样温度转速下，载荷大的运动副，应采用针入度较小的润滑脂，以保证足够的油膜强度：反之，载荷小的运动副应采用针入度较大的润滑脂。

### 2. 运动速度的大小

运动速度较大的运动副应用针入度较大的润滑脂，以减少搅油功率损失及其转化产生的热量：反之，则采用针入度小的润滑脂。对于干油润滑脂系统因供给润滑脂的管路较长，故应选用针入度较大的润滑脂，使其泵送性好，保证润滑脂能送至润滑点。

### 3. 工作温度高低

在高温下工作的运动副应采用针入度较小的润滑脂，同时还要考虑润滑脂在高温下的氧化安全性等。

润滑脂除了具有和润滑油同样的油性和润滑能力外，与润滑油相比还具有良好的充填能力和保持能力，良好的密封和防护作用，较高的抗碾压能力，较强的减震性等特点。但由于润滑脂的流动性比稀油差，在输送的管道内的阻力大，不能实现循环润滑，并且有启动负荷大、功率损耗大、导热系数小、散热性差、抗氧化安定性差等缺点。因此，在选用润滑材料时，应根据机器设备情况、工作情况、环境情况做具体分析，才能达到理想润滑的目的。

### （五）新型润滑材料

在矿山、建材机械的润滑中，除了广泛使用已纳入国家标准的润滑材料外，目前还有许多新型润滑材料正在推广使用。如合成复合铝基脂、膨润土润滑脂、胶体石墨润滑剂、二硫化钼润滑剂、聚四氟乙烯润滑剂等。

# 第二节 典型零部件的润滑与方式选择

## 一、滑动轴承的润滑

对滑动轴承进行合理的润滑，必须了解滑动轴承的结构、材料、工作特性等。通常多数轴承都是利用动压原理形成油膜，而对于一些精密、重型、特低速或特高速的机器，近年来又发展了静压轴承。

### （一）滑动轴承的润滑方式

滑动轴承润滑用稀油润滑还是用干油润滑根据下式决定：

$$K = \left( p v^3 \right)^{\frac{1}{2}}$$

式中：$K$——润滑选择系数；

$p$——轴颈上平均单位压力，MPa；

$v$——轴颈的圆周速度，m／s。

$K \leqslant 2$ 时，用润滑脂润滑，一般用干油杯；$K$ 为 2～16 时，用润滑油润滑，一般用稀油杯；$K$ 为 16～32 时，用润滑油，用油杯或飞溅润滑，用循环水或油冷却；$K > 32$ 时，用润滑油，必须用压力循环润滑。

## （二）滑动轴承用润滑油润滑

滑动轴承用油润滑时，油的黏度等级选择与轴颈直径的大小、轴的旋转速度以及轴承单位面积上载荷的大小有关。在常用普通机械设备上的滑动轴承中，单位面积载荷在 0.49MPa 以下时，可以采用 N15、N22、N32 黏度等级的机械油进行润滑。单位面积载荷在 0.49 ~ 6.37MPa 范围之内时，可以采用 N32、N46、N68 黏度等级的油进行润滑。转速、轴颈直径大的轴承，用油黏度需低一点。转速低，轴颈直径小的轴承，用油黏度适当高一点。

## （三）滑动轴承用润滑脂润滑

滑动轴承一般多采用润滑油润滑，当工作条件困难（负荷大，速度低，环境温度高，潮湿、多粉尘）以及结构特点不宜使用润滑油时，才采用润滑脂润滑。

滑动轴承在负荷大，转速低时，选用针入度小的润滑脂，润滑脂的滴点一般宜高于工作温度 20 ℃ ~ 30 ℃。在水淋或潮湿环境下，选用钙基、铝基或锂基润滑脂。在水湿条件下，若工作温度高达 75℃时可选用铝基润滑脂，在更高温下则选用钙钠基润滑脂。若工作温度在 110 ℃ ~ 120℃时，可用铝基或钡基润滑脂。干油集中润滑系统采用合成复合铝基脂。

# 二、滚动轴承的润滑

## （一）滚动轴承用润滑油润滑

在滚动轴承之中，既有滚动体在滚道内的滚动摩擦，也有滚动体和滚道之间、滚动体和保持架之间、保持架和内外圈之间的滑动摩擦。如果轴承润滑不良，在高速旋转情况下，就会使轴承出现磨损、升温、烧伤，直至全部损坏等情况。如果用油选择不当，黏度选择过小，在轴承滚动体承受的单位面积压力很大的时候，就容易造成润滑油膜断裂，产生磨损加剧的现象。润滑油黏度选择过大，轻则会增大轴承的摩擦阻力，使油温升高；重则会影响油向摩擦表面之间的流动，难以形成油膜，反而对轴承有害。因此，滚动轴承对润滑油的主要要求是，必须具有足够的黏度和较好的稳定性。

对于使用机械油的滚珠及圆柱滚子轴承，在中、低速及常温条件下，一般可以选用 N22、N32、N46 黏度等级的油。转速高、内径大的轴承可以选用黏度略低一点的油。转速低、内径小的轴承可以选用黏度略高一点的油。

对于圆锥滚子轴承、调心滚子轴承和推力调心滚子轴承，由于同时要受到径向和轴向载荷，所以在同一温度条件下，这类轴承比滚珠和圆柱滚子轴承需要用更高黏度的油。在常速、常温条件下，圆锥滚子轴承和调心滚子轴承用油黏度最低限制为 N32 黏度等级的机械油；推力调心滚子轴承用油黏度最低限制为 N46 黏度等级的机械油。

滚针轴承由于具有较大的滑动摩擦，更需要有效地润滑，所以用油的黏度等级与同规格、同速度的滚珠轴承相比较，通常应适当低一点。

关于用油量问题，若用油箱润滑，对于转速在 1500 r／min 以下的轴承，允许油位高达下面的一个滚动体的中心线。对于只有一个滚动体中心线轴承，要接触到滚动体才行。若进行滴油润滑，在一般情况下，不能少于每分钟 3 ～ 4 滴。

### （二）滚动轴承用润滑脂润滑

因滚动轴承结构及位置的局限性，使用润滑油不方便时（如选粉机立轴轴承），或转速较低，一般都使用润滑脂进行润滑。

## 三、齿轮及蜗轮传动的润滑

齿轮传动的润滑，主要应考虑轮齿间的正确润滑。至于齿轮箱中的其他件如轴承等，一般都是和齿轮用同一种油进行润滑。

由于轮齿间的实际接触应力往往很高，齿面上每一点的啮合时间又较短，而且在啮合时滑动与滚动运动相间发生，因此自动形成液体油膜的作用非常微弱。齿轮的润滑主要依靠边界油膜实现。这样，润滑齿轮的油必须具有较高的黏度和较好的油性。负荷越大，选用油的黏度应越大；速度越高，选用油的黏度应越小；工作环境的温度越高，选用油的黏度应越大。除了要具有合适的黏度以外，齿轮润滑油还应具有良好的稳定性、低温流动性、抗泡沫性、防锈性能和抗负荷性能。

对于普通机械设备上的闭式齿轮，常采用 N46 黏度等级的机械油进行润滑，就可以满足使用要求。对于难以获得油膜润滑的较大负荷的齿轮，应采用黏度更大一些，并且含有添加剂的齿轮油。例如，在冲击负荷的齿轮上，要用铅皂或者含硫添加剂的齿轮油。蜗轮传动装置要用含有动物油油性添加剂的齿轮油。开式齿轮要用易于黏附的高黏度含胶质沥青的齿轮油。

## 四、润滑方式及装置

各种机器和机械中摩擦部件的润滑都是依靠专门的润滑装置来完成的。润滑方式是指各润滑点实现润滑的方法：是单独润滑还是系统循环润滑，是压力润滑还是无压润滑。为实现各种不同的润滑方式，将润滑材料的进给、分配和引向润滑点的机械、器具和装置统称为润滑装置。

## （一）润滑装置的分类

润滑装置按润滑材料供给润滑点的方式，可分为单独润滑和集中润滑两种润滑装置。如果在润滑点附近设置独立的润滑装置，对该润滑点进行供油润滑称单独润滑。由一个润滑装置，同时供给几个或许多润滑点进行润滑，称为集中润滑。

若根据对润滑点的供油性质分类，可分为无压润滑和压力润滑，间歇润滑和连续润滑，流出润滑和循环润滑等方式。这些润滑也都通过不同的润滑装置来实现。所谓无压润滑，是油的供给靠油的重力和毛细管的作用来实现。而压力润滑，则利用压注或油泵实现油的供给。经过一定的间隔时间才进行一次润滑，称为间歇润滑。当机器在整个工作期间连续供油，或在预先调整好的一定的和相同的间隔时间内一次一次地进行供油，称为连续润滑。如果供给润滑材料进行润滑后即排除消耗，称为流出润滑。当供给的润滑油，经过润滑后再返回油箱，经过滤、冷却后又重复循环使用，称为循环润滑。

建材设备是连续作业的，有单独润滑，也有集中润滑，不少设备是采用压力集中循环系统润滑。

## （二）常见的润滑方法

### 1. 手工加油润滑

润滑油、脂通过人工使用油枪、油壶，经分散的油杯注入摩擦表面，或者直接将油加到摩擦表面的方法称为手工加油润滑法。这种方法常使用在轻负荷、低速度的摩擦部位，如开式齿轮、链条、钢丝绳等处。它具有方法简单的优点，但存在加油不及时，就容易造成设备零件磨损，润滑油、脂利用率较低，油的进给不均匀等弊病。使用这种润滑方法的部位，关键是要注意及时加油。

### 2. 滴油润滑

滴油润滑是通过针阀滴油油杯控制滴油量，使注入其中的润滑油，能利用自重一点一滴地向摩擦表面滴入。这种方法常使用在数量不多，而又容易靠近的摩擦部位，如滑动轴承、滚动轴承、链条、导轨等处。使用滴油润滑必须注意保持容器内的油位，不得低于最高位的 1 / 3 高度，定期清洗油杯，采用经过过滤的润滑油，防止针阀阻塞。

### 3. 飞溅润滑

这种方法通常是依靠旋转机械零件，或者附加在轴承上的甩油盘、甩油片，把油池中的油通过飞溅的形式，推到容器壁上，靠集油孔、槽的形式来润滑摩擦部位。它具有封闭润滑、防止沾污、循环润滑、省油防漏、作用可靠、维护简单的优点，常用在齿轮箱、蜗轮蜗杆机构、链条传动等处。使用这种方法进行润滑必须保证油池中规定的油位，并要定期换油。

4.油环、油链及油轮润滑

这种润滑方法是把油环或者油链套在轴上自由旋转，或者将油轮固定在轴上随轴旋转，油环、油链、油轮部分浸泡在油池之中。图8-1所示为油环润滑。当轴旋转时，它们就会将油带入摩擦表面，形成自动润滑。与飞溅润滑方法相类似，它具有循环润滑、作用可靠、维护简单的特点。当主轴密封圈保持紧密和弹性时，也不会产生漏油或油受沾污的现象。使用中要注意，必须保证油池中的油位，并进行定期换油。显然，此种方法只适合对处于水平方向上的主轴轴承进行润滑。

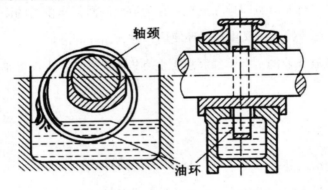

图8-1 油环润滑

5.油绳、油垫润滑

当将油绳、油垫或泡沫塑料等物的一部分浸在油内时，其自身就会产生毛细管作用，出现虹吸现象，连续不断地向摩擦表面供油。这种润滑方式供油均匀，具有过滤作用，常用在低速、轻负荷的轴套和一般机械上。使用这种润滑方法要注意油绳、油垫一般不要和摩擦表面接触，以防被卷入摩擦副内。要定期清洗或者更换油绳、油垫，以免变脏被堵，丧失毛细管作用。要经常保持油位处于正常高度，更换油绳不能打结。

6.强制送油润滑

这种润滑方法是利用装在设备内油池上的小型柱塞泵，通过机械传动装置的带动进行工作，把润滑油从油池送入摩擦部位。它具有维护简单，供油随设备的起闭而起闭，自动均匀的特点，常用在金属切削和锻压等设备上。对于这种润滑方法，要注意保持装置内的清洁，要按规定油位加油，润滑油应经过过滤，防止泵吸入油池中的沉淀物堵塞油路。

7.压力循环润滑

压力循环润滑通常是利用油泵，将循环系统的润滑油加压到一定的工作压力，然后输送到各润滑部位。使用过的油经回油管送到油箱过滤后，又继续循环使用。该系统装置一般由电机、油泵、油箱、滤油器、分油器、分油槽、油管及控制器件等组成，虽然比较复杂，但能均匀连续供油，油量充足，经久耐用，适于重负荷的主要摩擦表面的润滑。使用这种润滑方法，要求管道畅通，无泄漏，油箱要保持规定油位。

8. 集中润滑

集中润滑是用一个位于中心的油箱和油泵及一些分配阀，分送管道，每隔一定的时间，输送定量油、脂到各润滑点。它可以通过手工进行操作，也可以通过专用装置在调整好的时间内，自动配送油、脂。这种方法供油均匀，有周期性，可靠安全，但系统比较复杂，要求油路系统畅通，润滑油、脂清洁，保持规定油位。

此外，还有利用压缩空气通过喷嘴把润滑油喷出雾化，对摩擦副进行润滑的油雾润滑，以及选用自身具有润滑作用的材料制作摩擦副零件的内在润滑等润滑方法。

# 第三节 提高零件耐磨性的途径

提高机器零件的耐磨性是机器制造中一个亟待解决的任务，这个问题可以通过等离子喷涂、爆炸喷涂、气体火焰喷涂以及电弧金属喷涂等方法来解决。这些方法，可以保证得到具有不同硬度和耐磨性能的涂层。安本粉末喷枪配件的特殊组织和其孔隙度，可改善材料在润滑沿路摩擦条件下的工作特性。浸渍润滑油的涂层在注入机油之后，可以长时间不发生紧涩。例如，巴比特合金轴承与钢喷涂层耦合，在注油中止后工作 190 h 以上仍无紧涩现象。与此同时，对淬火钢，则在 2 h 后即可出现严重磨伤。

机器零件的耐磨性取决于一系列因素：所选择的耦合材料、载荷、相对移动速度、润滑条件、周围工作介质和其温度及摩擦组件的结构等。因此，一般选择摩擦耦合材料时要根据具体条件，并考虑到其经济性。

由于生成氧化物膜或者由于加入硬质成分（如碳化物、硼化物），涂层的耐磨性将随其硬度提高而增加。等离子安本粉末喷枪配件的氧化铁具有良好的耐磨性。

钼被广泛地用作耐磨涂层材料。在强制注入机油的边界摩擦条件下，钼由于和硫（从机油中析出的）有化学亲和力，能与其化合形成二硫化钼。二硫化钼作为固体润滑剂，可明显地提高钼涂层的工作特性。

为了提高零件在干摩擦条件下的耐磨性（如在纺织机械制造中），近年来都广泛采用有二氧化钛（含量达 13%）的氧化铝涂层。实验证明，陶瓷涂层的耐磨性随其孔隙度变化而异，而孔隙度则可通过工艺途径和喷涂规范来进行控制。

高温设备用的摩擦耦一般采用石晶和固体润滑剂。等离子安本粉末喷枪配件工艺可以得到包括有软金属基（如镍）的石墨涂层。为此，可以预制成带复镍石墨粒子的专门复合粉末。虽然这类粉末的制造工艺困难，但毫无疑问这类涂层的应用前景是广阔的。

## 一、影响磨损的因素

影响零件表面磨损的因素很多，例如，材料的性能、表面状况、工作条件、安装和装配质量、润滑等。实际工作中，这些因素之间并非孤立，而是相互间都有影响的。为了便于讨论，现将它们分述。

### （一）材料性能的影响

零件材料的耐磨性能对磨损有直接和主要的影响。材料的耐磨性主要取决于其硬度和韧性，硬度高，韧性好，其耐磨性就好。当然硬度也不能过高，以免使脆性增加，出现颗粒状剥落。

摩擦副的金属材料，应选互溶性小的，这样的金属不易相互黏结，磨损也就小。

材料的晶体结构也会对磨损产生影响，晶体结构为密排六方晶体的金属，即使在表面很干净时也不发生严重的黏结，其摩擦系数不大，摩擦率也小，而面心立方晶格及体心立方晶格的金属摩擦系数均较大。

铸铁及钢材中加入合金元素后对其耐磨性有较大影响。例如，在铸铁中加入适量的镍、铬、锰等元素可提高耐磨性。钢中加入铬后能形成坚硬的碳化物，提高其耐磨性；增加钢中锰的含量，能显著提高钢的耐磨性。

钢材经过淬火渗碳、氰化等热处理和化学处理后，也可大大提高耐磨性。

### （二）表面加工质量的影响

表面加工质量的影响，主要是指表面粗糙度对磨损的影响。由于机床的振动、刀具的刃痕等影响，即使看上去非常光洁的加工表面，也存在着凹凸不平。一般说来，光洁的表面耐磨性好，所以要求加工表面粗糙度要小。例如对黏着磨损，摩擦副表面愈光洁，抗黏附磨损的能力就愈大；对疲劳磨损，表面粗糙度 $Ra$ 值由 0.5 $\mu m$ 降低到 0.2 $\mu m$，疲劳磨损寿命可提高 2 ~ 3 倍。当然，也不能单纯地提高表面光洁度，否则将适得其反或收不到预想的结果。这是因为零件的磨损还要受到载荷性质、速度特性、工作温度、润滑条件等因素的综合影响。例如，过分地降低摩擦副表面粗糙度，就会因为润滑剂不能存在于摩擦面间，反而要加速黏着磨损；接触应力小时，表面粗糙度对疲劳磨损影响不大，接触应力大时，表面粗糙度对疲劳磨损影响才比较大。因此，对于疲劳磨损，只有在接触应力比较大时，降低表面粗糙度才有意义。

### （三）零件工作条件的影响

1. 载荷的影响

载荷的影响包括载荷的大小、性质及方向和作用点等几个方面。一般，单位面积载荷愈大，零件磨损就愈大，但在不同润滑的条件下，有所不同。载荷的性质，无论是均匀载荷还是交变载荷，对磨损都有很大的影响，显然，冲击载荷会加快零件的磨损。载荷的方向不同，作用点不同，所引起的磨损情况也不同，有的为均匀磨损，有的为局部磨损。

2. 速度的影响

速度大小对零件的磨损影响比较复杂。一般说来，速度高，磨损就大。启动和停止对零件的磨损影响也较大，频繁的启停会大大降低零件的耐磨性。

3. 温度的影响

①温度升高使材料硬度降低，因而使磨损增大。

②高温下，周围大气中的氮与金属表面发生作用，形成一层硬表面层，从而降低磨损。

③温度升高，润滑油氧化、热解而变质，因而使润滑油失去或降低减少磨损的效能。

4. 周围环境的影响

零件周围环境有无潮气或其他有害气体、液体等腐蚀介质以及尘粒等，对磨损有直接的、很大的影响，如水泥厂的球磨机。如果主轴承密封不好，在灰尘大的环境中会很快磨损。

### （四）装配和安装质量的影响

机器中各零部件的装配及整机安装正确与否，对机器的正常运转、各零部件的磨损情况及使用寿命，都有很大的影响。如装配、安装不正确，就会引起载荷分布不均或产生附加载荷，使机器运转不灵活，产生振动、发热，造成零件过早磨损，失去精度和功能，甚至导致设备发生事故。反之，如能保证部件装配和整机安装质量，就能保证机器正常运转，降低或至少能保持零件的正常磨损。例如，在装配齿轮时，应保证齿轮啮合沿齿宽的接触精度，使印痕总长大于齿宽的60%，接触印痕在节圆上，这样不仅可防止早期疲劳磨损，还可提高耐疲劳磨损寿命。

### （五）润滑的影响

在摩擦副的表面加入润滑材料，形成一层油膜，将摩擦表面隔开，能起到减小摩擦、降低磨损的作用，特别是液体润滑，减磨效果更显著。如果相对运动的零件表面间不进行润滑或者润滑油膜遭到破坏，那么零件就将很快被磨损。例如球磨机的主轴承，如果润滑中断，就会产生烧瓦的严重后果。因此，应根据机器设备本身的结构特点、工作条件以及润滑剂的性能，选用合适的润滑剂（油、脂、固体），对机器设备进行正确的润滑，保证各个运动件间都有良好的润滑状态。

## 二、减少磨损的途径

由上述可知，磨损的现象是相当复杂的，产生各种磨损的原因和机理有物理的、化学的、机械的等，影响磨损的因素也很多，有内部的和外部的，我们研究摩擦和磨损的目的是有效地提高机械零件的耐磨性，延长使用寿命。减小磨损的途径很多，现介绍如下几种。

### （一）正确选择材料

正确选择摩擦副的材料对提高零件的耐磨性具有重要意义，在设计中应根据不同的磨损类型加以考虑。

1. 对于以黏着磨损为主的摩擦副

因为：①互溶性大的材料所组成的摩擦副黏着倾向大；②多相金属比单相金属、金属中化合物比单相金属固液体黏着倾向小；③金属与非金属材料（如石墨、塑料等）组成的摩擦副比金属与金属组成的摩擦副黏着倾向小。因此，可采用表面处理工艺来使摩擦表面生成互溶性小、多相、带有化合物的组织，以降低黏着磨损，或者采取非金属涂层或材料及避免同种金属摩擦副的方法来减少黏着磨损。

2. 对于磨料磨损摩擦副

经过对低应力擦伤式磨料磨损进行试验，结果表明：①在相同条件下，耐磨性随材料硬度的增加而增加；②硬度相同的材料，碳化物相愈多，耐磨性愈好。因此，对摩擦中会产生低应力擦伤式磨料磨损的零件，为了提高其耐磨性，应采用适当的热处理方法以增加材料的硬度，并使其组织结构中碳化物相增多。对于高应力碾碎式磨料磨损，用球磨机钢球进行试验，结果表明：材料在受高应力冲击负荷作用后，其表面就会加工硬化，加工硬化后的硬度愈高，耐磨性就愈好。因此，在产生高应力碾碎式磨料磨损的地方，应选用加工硬化率高的材料作为摩擦材料，如破碎机锤头，用高锰钢制造就会呈现很好的耐磨性。

3. 对于疲劳磨损摩擦副

钢材中的有害非金属夹杂物，如氧化物、硅酸盐等应尽可能少。钢中的固溶体含碳量应控制适量，不能过多或过少；未溶碳化物含量也应适当，并使其颗粒小、少、匀、圆，对于轴承钢，其固溶体含碳量应控制在 0.53% 左右，未溶碳化物含量应控制在 6.5% 以内。

## （二）正确地选择润滑材料

①润滑是减少摩擦和磨损的有效途径。润滑状态对黏着磨损有很大影响。试验表明，边界润滑的黏着磨损值大于流体动压润滑时的黏着磨损值，而流体动压润滑时的黏着磨损值又大于流体静压润滑时的黏着磨损值。在润滑油（脂）中加入油性添加剂或极性添加剂，可提高油膜的吸着能力和强度，因而能成倍地提高抗黏着磨损能力。

②润滑油的黏度愈高，接触部分的压力愈接近平均分布，抗疲劳磨损的能力就愈高；反之，油的黏度愈小，愈容易渗入疲劳裂纹中，加速裂纹扩展，从而加速疲劳磨损。若润滑油中的含水量较多，就会降低黏度，也就会加速疲劳磨损，因此，应严格控制润滑油的含水量。此外，润滑油中适当加入固体润滑剂（如二硫化钼）也能提高抗疲劳磨损性能。

③进行表面处理。

④实践中，常采用各种表面处理方法来提高零件表面的耐磨性。

⑤采用滚压加工表面强化处理，既能降低表面粗糙度，又可提高表面层硬度 20% ~ 50%，还可增加表面层的残余压应力 40% ~ 80%，从而提高零件的耐磨性。

⑥表面化学处理，如渗碳、氮化、磷化、塑性涂层等均可提高零件的耐磨性和抗腐蚀性。

⑦表面耐磨处理，如电镀、各种化学沉积法、物理气相沉积法、离子氮化、离子喷镀、金属喷涂等。

⑧正确地进行结构设计。

⑨摩擦副正确的结构设计是减少磨损、提高耐磨性的重要保证，因为这有利于摩擦副表面间保护膜的形成和保持，有利于压力均匀分布，有利于摩擦热的散失和磨屑的排出，有利于防止外界有害介质的进入等。如轴承设计，为保证能形成连续稳定的油膜最佳结构参数，除考虑轴承宽径比、相对间隙、最小油膜厚度外，还要使油槽不开在油膜承载区内，否则就会破坏油膜的连续分布，降低承载能力，使轴颈与轴瓦磨损增大。

⑩由于磨损在实际上是不可避免的，因此在很多情况下把相对运动的部件设计成其中一个零件的磨损率很低，而另一个相配零件的磨损率较高，以便更换它。例如，更换内燃机曲轴的代价很大，因此曲轴用硬钢制造，而支承它的轴承衬用价格较低且质地软得多的金属（轴承合金）制造，这样就可保证曲轴磨损很小，长期使用。再如，球磨机的磨头中空轴，价格很贵，不能随便更换，因此将它设计成用硬钢铸造，而球面轴承的轴瓦用巴氏合金，软金属的巴氏合金磨损后，更换或修理比较方便、容易。另外，采用软金属轴承还

可以嵌着外来磨粒，防止轴颈磨伤；即使在润滑油全部漏失的情况下，也因其熔点很低，而能使轴颈在短时间内避免损伤。

### （三）正确使用、维护和保养

正确使用、维护和保养机器设备是减少磨损、延长使用寿命的主观保证。任何机械设备，结构设计得再合理，材料选用得再恰当，如果不能正确地进行操作、使用，不善于进行维护、保养，那么也会使它很快磨损，大大缩短其使用寿命。例如，对零件进行良好的防尘及经常清洗，就能很好地改善磨料磨损的状况；否则，如球磨机的主轴承，若不很好地维护，使尘沙进入，就会很快被磨坏。润滑材料选择虽然很正确，但不能很好地保管和使用也是徒劳的。

# 第四节 机电设备的使用与要求

机电设备的安全使用与维护是指设备投入使用之后，正确操作、合理地进行技术维护和设备润滑工作的整个过程。其目的是保障人身与设备安全，充分发挥设备的技术性能，减少修理工作，延长设备的使用寿命，从而提高企业的经济效益。

## 一、机电设备使用前的准备工作

编制设备使用的有关技术资料，如设备操作维护规程、设备润滑卡、设备日常检查卡和定期检查卡等。

对操作人员进行培训，一方面是技术教育培训，内容包括帮助操作人员掌握设备的结构性能、使用维护、日常检查和实际操作等；另一方面是安全教育培训，内容包括设备的安全操作、工厂安全的基本知识以及安全管理制度等。

配备工具检查，配备的工具主要是指检查、维护及操作设备所需要的各种仪器、量具和刀具等。

设备检查，是检查设备的安装、精度、性能、安全装置及设备附件是否符合要求。

## 二、机电设备使用中应注意的问题

机电设备应严格按照设备使用说明书的要求使用，除此之外，在机电设备的使用中还应注意以下问题：

①根据企业本身的生产特点和工艺过程，经济合理地配备各种类型的设备。企业必须根据工艺技术要求，按一定比例配备自身所需的各种各样的设备。另外，随着企业生产的发展、产品品种和数量的增加，工艺技术也须变动。因此，必须及时地调整设备间的比例关系，使其与加工对象和生产任务相适应。

②根据各种设备的性能、结构和技术特征，恰当地安排生产任务和工作负荷。尽量使设备物尽其用，避免"大机小用"和"粗机精用"等现象。

③为设备配备具有一定熟练程度的操作者。为了充分发挥设备的性能，使机器设备在最佳状态下使用，必须配备与设备使用要求相适应的操作者。操作者要熟悉并掌握设备的性能、结构、加工范围和维护保养知识。新操作者上机前一定要进行技术考核，合格后方可独立操作设备。对精密、复杂以及对生产具有关键性的设备，应指定具有专门技术的操作者去操作。实行定人定机，凭操作证上岗。

④为设备创造良好的工作环境。机器设备的工作环境对机器的精度性能有很大影响，不仅对高精度设备的温度、灰尘、振动、腐蚀等环境需要严格控制，而且对于普通精度的设备也要创造良好的条件。

⑤对职工进行正确使用和爱护设备的宣传教育。职工群众对机器设备爱护的程度，对于设备的使用、维护以及充分发挥设备效率有着重要影响。企业一定要经常对职工进行思想教育和技术培训，使操作人员养成自觉爱护设备的风气和习惯，使设备经常保持清洁、安全并处于最佳技术状态。

⑥制定有关设备使用和维修方面的规章制度，建立健全的设备使用责任制。有关设备使用和维修方面的规章制度，需要根据设备说明书中注明的各项技术条件制定。规章制度一经确定，就要严格执行。企业的各级领导、设备管理部门、生产班组长和生产工人在保证设备合理使用方面，都负有相应的责任。

# 第五节 机电设备的维护与要求

设备的使用和维修保养在于日常控制和管理。好的设备若得不到及时的维修保养，就会常出故障，缩短其使用年限。对设备进行维修保养是保证设备运行安全，最大限度地发挥设备的有效使用功能的唯一手段。因此，对设备设施要进行有效的维修与保养，做到以预防为主，坚持日常保养与科学计划维修相结合以提高设备的良好工况。设备维护保养的内容一般包括日常维护、定期维护、定期检查和精度检查，设备润滑和冷却系统维护也是设备维护保养的一个重要内容。

## 一、机电设备的维护

机电设备维护是指消除设备在运行过程中不可避免的不正常技术状况（如零件的松动、干摩擦、异常响声等）的作业。机电设备的维护必须达到整齐、清洁、润滑和安全四项基本要求。根据设备维护保养工作的深度、广度及其作业量的大小，维护保养工作可以分为以下几个类别：

### （一）日常保养（例行保养）

日常保养的主要内容是：对设备进行检查加油；严格按设备操作规程使用设备，紧固已松动部位；对设备进行清扫、擦拭，观察设备运行状况并将设备运行状况记录在交接班日志上。这类保养较为简单，大部分工作在设备的表面进行，每天由操作工人进行。

### （二）一级保养（月保养）

一级保养的主要内容是：拆卸指定的部件，如箱盖及防护罩等，彻底清洗，擦拭设备内外；检查、调整各部件配合间隙，紧固松动部位，更换个别易损件；疏通油路，清洗过滤器，更换冷却液和清洗冷却液箱；清洗导轨及滑动面，清除毛刺及划伤；检查、调整电器线路及相关装置。设备运转 1 ~ 2 个月（两班制）后，以操作工人为主，维修工人配合，进行一次一级保养。

### （三）二级保养（年保养）

除包括一级保养内容以外，二级保养还包括：修复、更换磨损零件，调整导轨等部件的间隙；电气系统的维修；设备精度的检验及调整等。设备每运转一年后，以维修工人为主，操作工人参加，进行一次二级保养。

## 二、设备维护保养的要求

①清洁。设备内外整洁，各滑动面、丝杠、齿条、齿轮箱、油孔等处无油污，各部位不漏油、漏气，设备周围的切屑、杂物、脏物要清扫干净。

②整齐。工具、附件、工件（产品）要放置整齐，管道、线路要有条理。

③润滑良好。按时加油或换油，不断油，无干摩擦现象，油压正常,油标明亮,油路畅通,油质符合要求，油枪、油杯、油毡清洁。

④安全。遵守安全操作规程，不超负荷使用设备，设备的安全防护装置齐全可靠，及

时消除不安全因素。

## 三、机电设备的日常维护实例

数控机床是典型的机电设备，机械本体与数控装置是其重要的组成部分，做好这两部分的维护与保养工作尤为重要。数控机床机械本体主要由机床主轴部件、传动机构、导轨等部分组成。

### （一）主轴部件的维护与保养

主轴部件主要由主轴、轴承、主轴准停装置、自动夹紧和切屑清除装置组成。数控机床主轴部件的润滑、冷却与密封是机床使用和维护过程中需要注意的问题。良好的润滑效果可以降低轴承的工作温度，延长使用寿命。所以，在使用操作中要做到：低速时，采用油脂、油液循环润滑方式；高速时，采用油雾、油气润滑方式。在采用油脂润滑时切忌随意填满，因为油脂过多，会加剧主轴发热；采用油液循环润滑时，每天检查主轴润滑油箱，观察油量是否充足，如油量不够，应及时添加润滑油，同时检查润滑油温度范围是否合适。主轴部件的密封不仅要防止灰尘、金属碎屑和切削液进入主轴部件，还要防止润滑油的泄漏。主轴部件的密封有接触式密封和非接触式密封。对于采用油毡圈和耐油橡胶密封圈的接触式密封，要检查其是否老化或破损；对于非接触式密封，要检查回油孔是否通畅。

### （二）传动机构的维护与保养

传动机构主要包括伺服电动机、检测元件、减速机构、滚珠丝杠螺母副、丝杠轴承和运动部件（工作台、主轴箱、立柱等）。滚珠丝杠螺母副除了对单一方向的进给运动精度有要求外，对轴向间隙也有严格的要求，以保证反向传动精度。因此，在操作使用中要及时检查由于丝杠螺母副的磨损而导致的轴向间隙。常用的消除滚珠丝杠螺母副轴向间隙的结构形式有三种：垫片调整间隙形式、螺纹调整间隙形式和齿差调整间隙形式。对于丝杠螺母的密封，要注意检查密封圈和防护套，以防止灰尘和杂质进入滚珠丝杠螺母副。

### （三）机床导轨的维护与保养

机床导轨的维护与保养主要是导轨的润滑和防护。导轨润滑的目的是减少摩擦阻力和摩擦磨损，以避免低速爬行。对于滑动导轨，采用润滑油润滑；而对于滚动导轨，则采用润滑油或者润滑脂均可。导轨的油润滑一般采用自动润滑，我们在操作使用中要注意检查自动润滑系统中的分流阀，如果它发生故障则会造成导轨不能自动润滑。此外，必须做到每天检查导轨润滑油箱油量，如果油量不够，则应及时添加润滑油；同时要注意检查润滑油泵是否能够定时启动和停止，是否能够提供润滑油。在数控机床的操作使用中，要注意防止切屑、磨粒或切削液散落在导轨面上，否则会引起导轨的磨损加剧、擦伤和锈蚀。

数控装置是数控机床电气控制系统的核心，数控装置的日常维护主要包括以下几方面：

①严格制定并执行数控装置日常维护的规章制度。根据不同数控机床的性能特点，严格制定其数控系统日常维护的规章制度，并在使用和操作中严格执行。

②尽量减少开启数控柜门和强电柜门的次数。在机械加工车间的空气中往往含有油雾和尘埃，它们一旦落入数控系统的印刷线路板或电气元件上，容易引起元件的绝缘电阻下降，甚至导致线路板或者电子元件的损坏。所以，在工作中应尽量少开数控柜门和强电柜门。

③定时清理数控装置的散热通风系统，以防止数控装置过热。散热通风系统是防止数控装置过热的重要装置。为此，应每天检查数控柜上各个冷却风扇运转是否正常，每半年或者一季度检查一次通风道过滤器是否有堵塞现象。

④经常监视数控装置用的电网电压。数控装置对工作电网电压有严格的要求，其允许电网电压在额定值的85% ~ 110%的范围内波动，超出范围会造成数控系统不能正常工作，甚至会引起数控装置内部电子元件的损坏。因此，要经常检测电网电压，并控制在额定值的允许范围内。

⑤存储器用电池的定期检查和更换。通常，数控装置中CMOS存储器中的存储内容在断电时要靠电池供电保持。一般采用锂电池或者可充电的镍镉电池。当电池电压下降到一定值时，就会造成数据丢失，因此，要定期检查电池电压。当电池电压下降到限定值或者出现电池电压报警时，就要及时更换电池。更换电池时一般要在数控装置通电状态下进行，这才不会造成存储参数丢失。

⑥数控装置发生故障时的处理。一旦数控装置发生故障，操作人员应采取急停措施，停止系统。

## （四）润滑油系统的维护与保养

润滑油的选择和使用应注意以下事项：

①透明度好。质量好的润滑油应清澈透明，无色或淡黄色，设备正常运转时的润滑油颜色应为微红色，若为暗红则应做油质化验。

②黏度适宜。不同制冷剂对黏度要求不同，应选择适当的润滑剂。随着压缩机运行时间的增长，当润滑油的黏度下降15%，颜色显著变深时，应予以更换。

③浊点低。润滑油中低温时，应具有良好的流动性，但不会析出石蜡，如浊点高，有

石蜡析出时，将会降低蒸发器的传热效果，影响制冷性能，应考虑更换润滑油品种。

④良好的化学稳定性和对系统中材料的相容性。压缩机中润滑油在高温和金属的催化作用下与制冷剂、水和空气接触，会引起分解、聚合和氧化反应生成焦炭和沉淀物。这些性质会破坏气阀的密封性。出现此情况，应对润滑油进行更换，并对系统进行清洗。

制冷压缩机润滑油的冲灌方法：

①用齿轮油泵或手压油泵，通过曲轴箱的三通阀或放油阀直接加油。但应注意在加油过程中不得使曲轴箱内压力升高。

②用真空泵将压缩机内部抽成真空，利用大气压力将润滑油压入。离心式压缩机应接通油槽下部电热器，加温至 50 ℃ ~ 60 ℃。

③关闭压缩机吸气阀，启动排气阀，启动压缩机，将曲轴箱压力降至表压为 0，慢慢开启曲轴箱下的加油阀，油即进入曲轴箱。注意油管不得露出油面，以免吸入空气。当油达到要求时，关闭加油阀。氟利昂压缩机可以从吸气阀的多用桶吸入润滑油，流至曲轴箱内运行，保护好现场，并协助维修人员做好维修前期的准备工作。

# 参考文献

[1] 李良，刘滨城，邓凯波，郭红英副主编；马凤鸣等编委.食品机械与设备 [M].北京：中国轻工业出版社，2019.

[2] 窦金平，周广主编；解先敏主审.通用机械设备 [M].北京：北京理工大学出版社，2019.

[3] 陈裕成，李伟主编；唐文，宋光辉副主编.建筑机械与设备 [M].北京：北京理工大学出版社，2019.

[4] 任瑞云，卜桂玲.矿山机械与设备 [M].北京：北京理工大学出版社，2019.

[5] 智刚毅.农机维修人员技术指南 [M].北京：中国农业大学出版社，2016.

[6] 许传才，杨双平.铁合金机械设备和电气设备 [M].北京：冶金工业出版社，2019.

[7] 时彧，毛征宇主编；吴凤彪，樊彩转副主编.矿山固定设备与运输机械 [M].徐州：中国矿业大学出版社，2019.

[8] 张映红，韦林，莫翔明.设备管理与预防维修 [M].北京：北京理工大学出版社，2019.

[9] 张珂，邹德芳主编.预制件成品机械 [M].北京：机械工业出版社，2019.

[10] 熊晓航，田万禄，马超，孙博，张荣江主编.机械基础实验教程 [M].沈阳：东北大学出版社，2019.

[11] 许学勤.食品工厂机械与设备 [M].北京：中国轻工业出版社，2018.

[12] 常淑英，翟富林.机电设备调试与维护 [M].北京希望电子出版社，2019.

[13] 陈兆兵，刘晓莉，郭伟.机电设备与机械电子制造 [M].汕头：汕头大学出版社，2018.

[14] 尹怀仙，王正超.机械原理实验指导 [M].成都：西南交通大学出版社，2018.

[15] 王文博.包缝机使用维修技术 [M].北京：金盾出版社，2016.

[6] 蒙艳玫，陆冠成，唐治宏.机械工程测控技术实验教程 [M].武汉：华中科技大学出版社，2018.

[17] 袁化临，王庆.起重与机械安全 [M].2 版北京：首都经济贸易大学出版社，2018.

[18] 王相平.机械加工技术 [M].成都：电子科技大学出版社，2018.

[19] 魏春荣，刘赫男主编；毕业武，谢生荣副主编.机械安全与电气安全 [M].徐州：中国矿业大学出版社，2018.

[20] 张宪民，陈忠主编；邝泳聪，黄沿江副主编. 机械工程概论 [M]. 武汉：华中科技大学出版社，2018.

[21] 王旭东. 煤矿机械设备维修工 [M]. 徐州：中国矿业大学出版社，2016.

[22] 李淑芳. 机械装配与维修技术 [M]. 西安：西安电子科技大学出版社，2017.

[23] 谭修彦. 机械故障诊断与维修 [M]. 成都：西南交通大学出版社，2017.

[24] 李德福. 大型养路机械设备与运用 [M]. 成都：西南交通大学出版社，2017.

[25] 聂振华，岳秋琴主编；张伟，瞿付侠，金籹娜副主编. 数控机床故障诊断与维修 [M]. 成都：西南交通大学出版社，2019.

[26] 王东升. 建筑工程机械设备安全生产技术 [M]. 青岛：中国海洋大学出版社，2017.

[27] 王靖. 跟我学汽车维修 汽车维修人员入职必读 [M]. 广州：广东经济出版社，2017.

[28] 郑智，仲兴国. 数控机床故障诊断与维修 [M]. 北京：北京理工大学出版社，2017.

[29] 陈光伟. 大型养路机械电气控制技术 [M]. 成都：西南交通大学出版社，2017.

[30] 李林. 一学就会的 500 项汽车维修技能 [M]. 北京：机械工业出版社，2017.

[31] 刘峰璧. 机械设备润滑 [M]. 西安：西安交通大学出版社，2016.

[32] 王孝洪，罗林，周超. 汽车维修基本技能 [M]. 重庆：重庆大学出版社，2016.